한국전통공예건축학교 7

사진과 도면으로 보는
한옥짓기

문기현 지음

차 례

서 문 : 한국전통목조건축의 흐름 / 5
1. 한국전통목조건축의 연구경위
2. 한국전통목조건축의 변천과정
3. 고건축의 분류
4. 고건축의 구성과 기법
5. 고건축 장인

제 1 장 : 목재와 목공구 / 25
1. 목재
2. 목공구

제 2 장 : 치 목 / 51
1. 가구(架構)의 구성
2. 일고주 오량 초익공가구
3. 주요부재의 치목

제 3 장 : 조 립 / 95

부 록 / 115

서 문
한국전통목조건축의 흐름

1. 한국전통목조건축의 연구경위
2. 한국전통목조건축의 변천과정
3. 고건축의 분류
4. 고건축의 구성과 기법
5. 고건축 장인

한국전통목조건축의 흐름

윤 홍 로(문화재전문위원)

1. 한국전통목조건축의 연구경위

한국의 목조건축은 고대로부터 근대까지 끊이지 않고 계속되어 그 유구는 상당히 많이 남아 있으나 건축학으로 정립된 것은 그렇게 오래되지 않은 것으로 생각된다. 건축은 실용성에 따라 조영되었으나 건축을 완공한 후 기록의 정리는 설계도면 시방서 작업의 경과 등을 망라한 준공보고서로 남겨졌어야 했음에도 결과물은 별로 남지 않았고, 남은 것도 어려운 한문으로 쓰여져 후학들은 번역을 통하지 않고서는 학술적으로 규명하는데 쉽지 않았었다. 19세기 이후는 과거의 전통문화에서 과학이라는 새로운 문화로 변화되면서 동,서양에서는 새로운 건축기술과 자재 및 공법 그리고 사용기능에 따라 전통건축과는 다른 현대건축이 대두되었다. 우리나라에도 서양문화가 급격하게 도입되면서 건축은 전통목조건축으로부터 벗어나 벽돌조나 콘크리트조의 건축으로 변화되었다. 이런 상황에서 전통건축은 문화재의 한 분야로 취급하여 건축역사학적인 연구의 대상이 되었다.

고건축의 연구는 건축역사의 규명이란 측면에서 건축유적지의 발굴조사, 건축물의 구조와 양식에 관한 조사, 기록 문헌 등을 통한 건축사의 연구, 기능과 기술의 전승에 의한 기법에 관한 연구, 고증에 의한 건물 복원 등을 포함하여 다각적인 연구를 하고 이를 토대로 현대에서 전통건축의 잇점을 살려 새로운 목조 건축물을 짓는 기초 자료로 제공하는데 그 의의가 있다고 하겠다. 목조건축에 관한 연구는 1900년대 초에 시작하여 꾸준하게 지속되고 있다. 과거 수천 년 수백 년 전에 이룩한 문화유산으로서의 목조건축은 자연스런 마모, 전쟁, 화재 등으로 훼손 되거나 소실되고 유지보존을 위한 수리와 중건 등의 변화과정을 겪게 되었다. 과거의 원형을 되찾고, 앞으로 훼손방지를 위하여 목조건축에 관한 연구는 문화재보존차원에서 학문의 영역으로 지속될 것이다.

목조건축에 관한 최초연구는 일제기 일인건축학자들이 문화재연구차원에서 전국문화재를 조사하면서 부터 시작되었다. 일제는 조선총독부령으로 국내의 고적 및 유물보존규칙을 정하고 고적조사위원회를 두었다. 이 시기에는 일인학자(關野貞-세키노, 天沼俊-아마누마, 藤島亥治郎-후지시마, 杉山信三-스기야마, 米田美代治)들이 대거 참여하여 국내 건축에 대한 조사를 하고 한국건축조사보고서, 불사순례기 및 조선상대 건축의 연구, 고려 말 조선 초의 건축연구, 조선고적도보 등 보고서를 간행하였다.

광복이후 한국건축사는 1960년대에 정인국(한국건축양식론 저 : 전 홍익대교수), 윤장섭(한국건축사 저 : 전 서울대교수) 등이 한국건축사와 건축양식론에 대한 저술을 하여 우리나라 고건축연구에 획기적인 업적을 남겼고, 강봉진(전 국보건설단-설계사무소 대표) 장기인(전 삼성건축설계 대표) 등은 고건축에 관한 보수 및 복원설계를 하여 고건축문화재의 보존과 전통건축의 실용화를 기하려 하였다. 그 실 예로 불국사의 복원, 경주 임해전지의 복원 정비, 국립종합박물관(현 국립민속박물관)의 건립(고건축양식을 현대건축에 적용)외 많은 고건축에 관한 사업들을 진행해 왔다.

1970년대에는 앞서 실명한 학자들의 고건축역사와 양식론 중심의 연구를 기반으로 고건축의 새로운 연구가 진행되었는데 김동현(국립한국전통문화학교 교수)의 "한국고건축의 전통기법에 관한 연구"가 그것이다. 이전까지는 건축 외형의 특성과 미에 관한 연구에 주안점을 두었으나 이후에는 고건축의 내적인 기법을 통하여 과거의 건축공법을 전승케 하려는데 목적이 있었던 것으로 생각된다. 또한 장경호(전 국립문화재연구소장)는 그의 저서『한국건축연구』와『백제시대건축연구』를 통하여 보다 더 세밀하게 한국건축의 발전과정을 분석하여 한국건축의 흐름을 건축사와 양식론 적인 면에서 종합 탐구하였다.

최근에는 한국건축이 자생적으로 발생된 것 외에 중국, 일본 등과도 밀접한 관계 내지는 영향 하에 어떻게 형성되었는지에 대한 연구를 위해 많은 건축학자들이 각국을 답사, 교류하고 그 성과로『중국건축개설』,『중국고전건축의 원리』등을 하였다.[1]

2. 한국전통목조건축의 변천과정

1) 고고학 자료에 나타난 건축상

한반도에서 건축에 대한 기록으로는 三國志 魏志 東夷傳 邑樓條에 '기후가 추워서 땅을 파고 그 안에서 사는데 깊을수록 귀하고 큰집은 아홉 계단이나 내려간다' 라고 하였으며, 같은 책 한조(韓條)에는 "움집을 짓고 사는데 그 모양은 무덤처럼 생겼고 출입구는 위쪽에 있다"라고 기록되었다. 또한 晉書에 "여름철에는 소거(巢居 : 나무 위에서 삶)에서 생활하다가 겨울철에는 혈거(穴居 : 움집)생활을 한다"라는 기록이 있다. 삼국지 위지 동이전 진, 변한 조에 인용된 위략(魏略)에는 "둥근 나무를 포개어 집을 짓는데 마치 감옥과 닮았다."라는 기록이 있는데 오늘날의 귀틀집으로 해석되며 이런 건물의 모습은 마선구 제1호 고분벽화에서 밝혀진 바 있다. 이밖에 궁산리 제4호 주거지, 옥석리 주거지, 안악 제3호 고분벽화, 수산리고분벽화, 쌍영총벽화(도1) 등에서 고대건축에 관한 연유를 찾아 볼 수 있다. 이 가운데 안악 제3호 고분 벽화에는 기와지붕으로 보이는 건물과 부엌, 고깃간, 수레를 넣어 두는 칸, 마굿간 등으로 보이는 그림이 있어 상류계층의 주거로 추정된다. 안악 제3호 고분벽

---

1) 중국건축개설 : 양금석 번역 태림문화 1990, 중국고전건축의 원리 : 이상해, 한동수 외 공역 : 시공사발행 2000

화에는 사각기둥과 다각기둥의 형태가 보이며 기둥 뒤에 주두를 올리고 주두위에 공포의 일부인 첨차를 올렸다. 천정은 귀접이를 하여 상부로 올라가면서 좁아지는 형태이다. 수산리고분벽화도 안악 제3호분과 같이 기둥위에 공포를 올린 그림이다. 쌍영총 벽화에는 주심포건축양식에 나타난 것과 같은 형상을 하고 있는데, 기둥위에 굽받침이 있는 주두를 올리고 주두위에 공포를 짰으며 창방위에는 ㅅ자형 화반과 그 위에 굽소로를 놓아 천정을 받치고 있다. 천정은 투팔천정으로 중앙부로 갈수록 점차 좁게 하였다. 기둥에는 용트림을 한 단청으로 화려하게 장식하였다. 이와 같은 건축 양식은 삼국시대의 건물이 남아 있지 않은 현재로서는 고대건축을 연구하는데 매우 중요한 학술자료가 되며 우리의 옛 장인들이 이룩했던 건축술의 단면을 이해할 수 있다. 서울 근교 암사동 선사주거지는 1925년 대홍수시에 빗살무늬토기조각이 노출되어 신석기시대의 유적으로 밝혀지고, 1967년 ~ 1975년 사이에 발굴조사를 하여 1988년 신석기시대의 움집을 복원하였다.

도1 쌍영총 고분벽화도

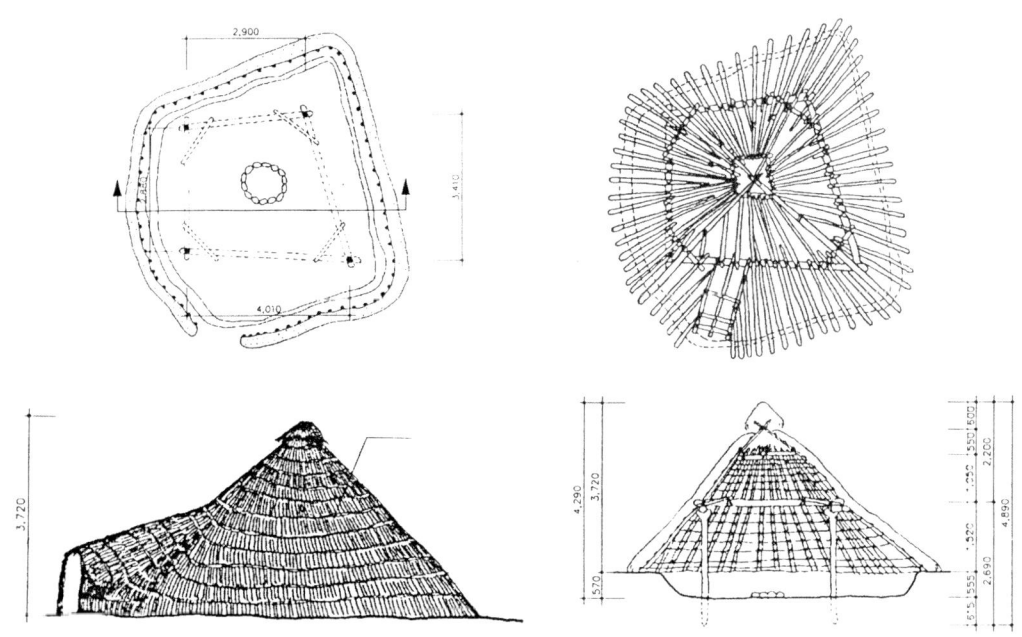

도2 암사동 선사주거지복원도

2) 삼국시대의 건축상

삼국시대의 건축으로는 건물은 남아 있지 않으나 宮闕址와 寺址 등에서 건축의 규모를 알 수 있고, 경주 안압지는 발굴 조사된 몇 개의 건물주재를 통하여 신라시대의 건축양식을 유추할 수가 있으며 신라가형토기에서는 맞배 지붕의 형태와 기와지붕의 기와골 및 용마루의 형태를 볼 수 있다. 또한 통일신라시대의 토제불감은 팔작지붕에 기와를 이은 형태이다. 이런 유물에서 이미 삼국시대에 고급건물이 匠人들에 의해 건축되었음을 입증하는 것이라고 생각된다. 건물은 인멸되었지만 그 유구를 통해서 대단히 큰 규모와 건축의 예술성을 표현했던 유구가 있다. 고구려 폐사지로 알려진 청암리사지는 중앙의 팔각형 건물을 중심으로 북쪽에는 장방형 건물 터가, 동서 쪽에는 금당 터가, 남쪽에는 중문 터가 있는데 고려나 조선시대의 배치형태와 다르게 나타난다.

청암리사지는 일제시대 발굴조사 당시에는 그 특이한 배치형태가 사찰 유구가 아닌 다른 것으로 의문시 되었으나 일본 나라지방의 비조사(飛鳥寺)를 조사한 후에 이 사지가 청암리사지의 배치와 같은 유형임을 알게 되어 사지로 확신하게 되었다. 사원건축으로 청암리사지 외에 백제시대의 부여 정림사지와 익산 미륵사지, 통일신라시대의 경주 불국사, 고려시대의 남원 만복사지 및 양주 회암사지 등은 가람배치의 극치를 이루며 불교사원의 정수를 이루었을 것으로 생각된다.

3) 고려시대와 조선시대의 건축에 대하여는 고건축의 분류항목에서 설명하고자 한다.

3. 고건축의 분류

가. 궁궐건축

궁궐건축으로는 고구려시대의 안악궁, 통일신라시대의 임해전, 고려시대의 만월대, 조선시대의 경복궁과 창덕궁을 들 수 있다. 안악궁과 만월대는 궁터만 남아 있고, 임해전은 1970년대에 궁터를 발굴 조사하여 건물지를 밝히고 안압지에서 발견한 건물부재의 일부를 고증자료로 하여 몇 동의 건물을 복원해 놓았다. 조선시대의 건축으로는 경복궁, 창덕궁, 창경궁, 덕수궁, 종묘 등이 건립되었다. 이들 궁궐은 임진왜란 때 대부분 소실된 것을 고종때 중건하였으나 또다시 일제강점기에 훼철되었거나 이건되었고 지금은 궁전 중심부의 일부 전각이 남아 있어 그나마 화려하고 웅장했던 궁궐의 모습이 전래되고 있다. 이러한 건축은 모두가 건축장인(匠人)들의 기술로 이룩되었으며 지금도 한국건축의 예술성을 국제적으로 인정받아 세계문화유산으로 등록(창덕궁, 종묘)되어 영구보존의 대상이 되고 있다.

1) 조선왕조의 正宮인 景福宮

조선왕조의 正宮이었던 경복궁은 그 터와 건물에서 우리나라에서 가장 장엄하고 훌륭한 건축술을 남겨 놓았다. 경복궁의 배치는 삼국시대 이후 건축사상에 필요 불가결했던 풍수지리설을 이용하여 터를 잡고 건물을 지었다.

북악을 진산으로 하고 낙타산을 좌청룡으로, 인왕산을 우백호로, 목멱산을 안산인 남주작으로 하여 그 중앙 심장부에 궁궐을 조영하여 지금도 그 의연한 자태와 장엄함을 간직하고 있다. 궁전의 배치는 남문인 광화문을 시작으로 하여 흥례문, 영제교, 근정문, 근정전, 사정전, 강령전, 교태전을 자좌오향한 남북 축선상에 일직선으로 배치하였다. 이와 같이 남북 축선상에 일직선으로 배치한 것은 새로 시작되는 왕권의 위엄과 정궁으로써의 위상을 드높이기 위함이었다. 전각은 주와 종을 가리어 고저를 다르게 하였다. 한양의 어느 곳에서 보아도 가장 높고 거대한 근정전은 궁궐의 정전답게 장엄한 자태를 뽐내고 있다.

근정전(국보 제223호)의 건축에 대해 살펴보고자 한다. 근정전은 경복궁의 정전 또는 법전이라고 한다. 왕이 문무백관을 참석시키고 왕의 즉위식, 신년하례식, 외국사신의 영접 등 공식행사를 하는 곳이다. 넓은 마당에 문무백관이 열을 지어 서는 품계석을 세웠고, 이중의 월대를 꾸미며 외곽에는 십이지신상을 배열하였다. 월대로 오르는 층계에는 봉황이 구름사이로 나는 형상을 조각하였다. 건물은 화려하고 웅장한 다포 양식으로 짜였으며 이중 지붕이지만 일층에 천장을 만들지 않고 이층까지 통층으로 높다랗게 하였다. 왕 외에는 아무도 오를 수 없고 하늘과 통한다는 관념에서 였다. 왕좌는 용상으로 꾸미고 보좌 뒤에는 일월 오악도로 장식하였다. 천장에는 화려한 색채의 단청을 하고 그 중앙에는 용이 여의주를 가운데 두고 오색 구름사이에 있는 보개천장을 설치하였다. 지엄한 왕좌를 꾸민 것이다. 지붕 위에는 용두와 상와(잡상)를 놓았다. 용은 모든 짐승의 으뜸이 되며 하늘에 오르고, 잡상은 모든 악귀와 잡신을 막아 궁궐을 보호하는 뜻이 있다. 왕궁의 정전인 근정전은 나라안에서 가장 훌륭한 건축 장인들이 이룩한 건축기술과 예술성이 집약된 건물로 평가받고 있다.

궁궐은 구중궁궐이라고 한다. 경복궁은 400여 동의 건물에 7,225칸의 방으로 구성되었다. 궁궐에는 왕과 왕비, 왕세자와 세자빈 상궁, 환관 등이 거주했는데 그 인원은 왕대에 따라 달랐다. 영조 때는 1,000명이 거주했고, 고종 때는 480여 명으로 줄어드는데 궁궐 안에 거주하는 인원에 대해서는 조선왕조의 법전인 조선경국대전에 규정하고 이들 궁인은 내명부에서 관장하였다.

1395년에 처음 지었던 궁궐은 임진왜란 때 전소되어 공궐(空闕)로 있다가 고종 때(1895년) 다시 중건하였으나 일제의 조선총독부청사 건축으로 인해 대부분의 건물이 이건, 멸실되고 지금은 40여 동만 남아 있다. 남아 있는 궁전건물로는 광화문, 근정문, 근정전과 그 행각, 사정전, 자경전, 함화당과 집경당, 집옥재, 경회루와 연지, 향원정과 연지 등이다. 이들 건물은 궁궐의 주된 건물과 누각 건물로 조선총독부청사를 지으면서 이 청사의 터와 관련이 없는 건물들이었다. 경복궁의 궁궐제도상으로 보아서는 다행한 일이었으나 궁궐을 경영하는데 없어서는 안 될 부속건물이 대부분 헐려 나갔다.

경회루(국보 제224호)는 우리나라의 누각 건물가운데 가장 크고 화려하다. 왕실에서 연회를 베풀고 외국사신들을 영접하는데 사용되었다. 네모난 연못의 동쪽에 치우쳐 이층으로 지은 누각이다. 48개의 돌 기둥 위에 넓은 마루를 깔고 이층 기둥을 세워 지붕을 올렸다. 대청마루는 3단으로 되고 중앙칸에 창호를 달았다. 연못 서쪽에는 두 개의 섬을 만들었는데 당주(堂洲)라고 한다.

자경전(보물 제809호)은 철종의 어머니인 趙大妃의 처소였다. 여성을 위해 지은 건물로 섬세하고 장식적이면서도 대비의 신분에 걸맞도록 위엄 있게 지었다. 전면 두 칸을 돌출시켜 누각형태로 높게 만들었다. 여름에 시원하게 지낼 수 있게 한 것으로 청연루라는 현판을 달았다. 자경전의 굴뚝은 뒤쪽의 담에 설치했는데 연가(煙架)라고 한다. 연가의 벽면에는 십장생을 조각한 문양전으로 장식하였다. 십장생은 해, 달, 물, 돌, 소나무, 불로초, 거북, 학, 사슴 등으로 무병장수와 자손의 번성과 부귀를 상징하는 뜻이 있으며 자연숭배를 기본으로 한 도교사상에서 발생된 것이다.

궁궐건축에는 지붕에 사원이나 민가에서 사용하지 않은 상와(像瓦-,잡상)라고 하는 장식용 기와를 올렸다. 귀마루나 내림마루 위에 3개 내지 10여개의 잡상을 올려 건물을 장식하고 잡귀를 퇴치하려 하였다. 상화도(정신문화연구원소장)에 그려진 잡상(도3)의 순서는 1. 대당사부(大唐師父) 2. 손행자(孫行子) 3. 저팔계(豬八戒) 4. 상화상(獅畵像) 5. 이귀박(二鬼朴) 6. 이구룡(二口龍) 7. 마화상(馬畵像) 8. 삼살보살(三殺菩薩) 9. 천산갑(穿山甲) 10. 나토두(羅土頭)(형상이 없음)로 되어 있다.

1. 대당사부　2. 손행자　3. 저팔계　4. 상화상
5. 이귀박　6. 이구룡　7. 마화상　8. 삼살보살　9. 천산갑
※ 10. 나토두(형상이 없음)

도3 잡상도(상화도의 잡상)

2) 離宮인 昌德宮

창덕궁의 배치는 경복궁과는 다르게 정문으로부터 정전인 인정전과 편전, 침전이 남북선상에 일직선으로 놓이지 않고 정전으로부터 동쪽으로 전개된다. 따라서 인정전의 동쪽에 편전인 선정전이, 그 동쪽에 왕의 침전인 희정당이, 희정당의 뒤쪽에 왕비의 침전인 교태전이 배치된다. 이는 창덕궁의 주산인 매봉이 동쪽으로 전개되기 때문에 궁전 건물도 산을 따라 동쪽으로 배치되어 북쪽의 산림을 후원으로 하고 매우 아름다운 경승을 이루고 있다. 부용지의 축대 앞 연못 속에 설치한 기둥으로 인해 부용정은 물 위에 떠 있는 듯 경관도 좋을 뿐만 아니라 亞字形의 평면을 여러 개 합쳐서 짜임새 있는 정자를 세웠다. 부용지위의 높은 臺위에 세운 주합루는 우주의 삼라만상이 합일하는 것과 같고 주합루의 정문인 어수문은 건물이라 하기보다는 공예품과 같은 아름다움이 잘 표현되어 있다. 정문인 돈화문은 경복궁의 광화문이 홍예기단 위에 세운 것과는 다르게 홍예기단을 두지 않고 지상에 이층으로 하였으며 인정전에는 월대는 있으나 난간을 두르지 않았다. 이것은 창덕궁이 이궁이기 때문이다. 창덕궁은 그 역사성, 궁전건축의 장엄함, 후원 조경미의 극치 등을 인정받아 세계문화유산으로 유네스코에 등록되었다.

나. 佛敎建築

사원건축으로는 삼국시대의 건물은 남아 있지 않으나 고려 말, 조선시대의 훌륭한 건물들이 많이 남아 있어 우리나라 고대건축의 명맥을 유지하고 있다. 고려시대의 건물로는 최고(最古)인 안동 봉정사 극락전, 영주 부석사 무량수전과 조사당, 예산 수덕사 대웅전, 강릉 객사문 등이 있으며, 조선시대의 강진 무위사 극락전(조선 초기 성종7년 : 1476년 이전, 주심포양식), 합천 해인사 대장경판전(조선 성종 19년 : 1488년, 주심포양식), 안동 봉정사 대웅전(조선중기, 주심포양식), 서산 개심사 대웅전(조선 성종 15년 : 1484년, 다포양식), 안동 봉정사 대웅전(조선 초기, 다포양식), 보은 법주사 팔상전(조선 인조 4년 : 1626년, 다포양식, 5층탑형), 양산 통도사 대웅전(조선 인조 23년 : 1645년, 다포양식), 김제 금산사 미륵전(조선 인조 13년 : 1635년, 다포양식, 3층탑형), 구례 화엄사 각황전(조선 숙종 23년 : 1697년, 다포양식, 2층), 청양 장곡사 하대웅전(조선중기, 다포양식), 부산 범어사 대웅전(조선 숙종 43년 : 1717년 이전, 다포양식), 부여 무량사 극락전(조선 중기, 2층 팔작지붕), 강화 전등사 대웅전(조선 광해군 13년 : 1642년 추정, 다포양식), 부안 내소사 대웅전(조선 후기, 다포양식)등이 있다. 경주 석굴암과 불국사는 조형미와 건축미를 인정받아 세계문화유산으로 유네스코에 등록되었다.

다. 儒敎建築

유교건축이란 조선시대에 정치, 도덕, 교육의 바탕이 되었던 유교사상을 공부하고 제향을 올렸던 건축으로 문묘, 향교, 서원 등이 이에 속한다. 이들 건축은 교육의 근원지로 국가통치에 필요한 인재를 양성하고 윤리도덕의 장이 되었던 매우 중요한 역사유적이다. 고려시대에 성행했던 불교사원에 비해 유교를 통치이념으로 했던 조선시대의 건축은 유교건축으로 구분한다. 유교는 공자를 시조로 한 敎로써 仁으로 모든 도덕을 일관하게 하고 명덕 친민 지선(明德 親民 至善)은 유교의 삼강령이며 격물치지성의정심수신제가치국평천하(格物致知誠意正心修身齊家治國平天下)는 팔조목이 된다.

유교의 경전은 시경, 서경, 주역, 예기, 춘추의 오경과 논어, 맹자, 중용, 대학의 사서였다. 유교건축은 제향과 강학의 두 기능을 갖추고 있는데, 제향은 문묘나 향교의 대성전에서, 강학은 명륜당에서 하게 되어 있다. 문묘는 중앙의 국학으로 서울에, 향교는 지방에 두었으며, 서원은 사학으로 지방에서 발생되었다. 불교사원건축에 비하여 이들 유교건축은 유교의 검소, 소박한 기풍에 따라 화려하거나 장엄하지 않게 지었다. 불교사원의 화려한 금단청에 비하여 궁전이나 문묘의 단청은 모로 또는 긋기 단청으로 간단하며, 건축양식도 간결 명료하다. 문묘의 배치는 초기에는 전묘후학이었던 것이 후대에는 전학후묘로 바뀌었다. 문묘와 향교의 배향은 공자와 그 제자 사성과 우리나라의 선현이며, 서원은 우리나라의 선현만을 배향한 점이 다르다.

유교건축의 대표적인 곳으로는 서울의 문묘와 지방의 향교 가운데 강릉향교, 장수향교, 나주향교, 영천향교 등이 있으며, 서원은 소수서원, 도산서원, 무성서원, 도동서원 등으로 각 지방에 많이 분포되어 있다.

4. 고건축의 구성과 기법

가. 풍수설(風水說)과 건축

 풍수는 양택풍수(陽宅風水)와 음택풍수(陰宅風水)로 구분되는데 양택풍수는 도읍인 군현(郡縣) 마을 건축 등 사람이 살고 거처하는데 쓰이고, 음택풍수는 사람이 죽은 후의 산소자리잡기 등 묘지 선택에 쓰인다. 풍수사상은 집을 직접 짓는 목수들에게도 전달되고 이를 배워 건축방법상의 여러 가지 원칙이나 금기로 작용하게 되었다. 집의 형태에서 일월(日月)같은 모양은 해와 달을 상징하고, 구(口)의 모양은 먹을 것이 끊이지 않는다는 뜻이 있어 좋은 것으로 생각하였다. 반면에 만들고 부순다는 공(工)자, 시체를 의미하는 시(尸)자 형태의 집은 피해야 할 것으로 생각하였다. 집을 짓는데 담장과 바깥대문을 먼저 짓지 않고, 나무를 거꾸로 하여 세우지 않으며 벌레 먹은 나무, 자연히 죽은 나무, 마른 뽕나무, 벼락 맞은 나무, 단풍나무, 대추나무 등을 꺼렸는데 특히 사당이나 절, 관청을 짓다가 남은 나무, 배를 만들다가 남은 나무, 신수(神樹)와 사과나무 및 짐승들이 깃들었던 나무가 집안에 들어오는 것을 꺼렸다. 집을 짓는 시기와 과정도 풍수에 의해 결정된다고 생각하여 개기(開基 : 터를 닦음), 열초(列礎 : 주추를 놓음), 입주(立柱 : 기둥을 세움), 상량(上樑 : 용마루대를 올림), 입택(入宅 : 집에 들어 감) 등은 따로 그 일시를 정하였다.

 조선후기에는 실학자들에 의해 실사구시와 이용후생을 도모하려 했던 생각이 풍수사상과 결합하여 과학적인 주택계획의 방법이 만들어 졌는데 홍만선의 산림경제(山林經濟 1715년), 서유구의 임원십육지(林園十六誌 1827년), 이중환의 택리지(擇里志 1766년) 등이 그 대표적인 예라 할 수 있다. 이런 책들은 풍수사상에 뿌리를 둔 것이기는 하지만 현실에 바탕을 둔 과학적인 방법을 담고 있으며 집터의 선정에서부터 건축과정에 이르기까지의 전반적인 내용을 설명하고 있다.

나. 배 치

 고건축물의 배치는 천문사상과 자연을 배경으로 미루어 졌다. 천문사상에 의한 것은 고구려 고분벽화에 일월성진(日月星辰)을 나타낸 것에서 볼 수 있고 자연을 배경으로 한 것은 풍수지리설에 의한 도읍과 궁궐건축 및 사원 등에서 볼 수 있다. 고구려시대의 사지인 평양의 청암리사지(전 금강사지)는 사기 천관서 오성좌의 이름과 함께 보이는 배치와 비슷한 것으로 천문사상의 표현이 직접 건축배치에 응용된 것이라고 한다. 청암리사지의 배치는 남북을 주축으로 하여 중앙(중심)에 팔각

건물을 배치하고 전후좌우 사방으로 장방형의 건물을 배치하였다. 이런 배치형식은 후에 사원배치의 근간을 이루게 하였다. 동양건축의 배치에 있어 좌향은 자좌오향(子坐午向) 즉 남북자오선상을 주축으로 하였다.

조선초기 경복궁의 궁전건축은 삼문삼조의 기본제도에 따라 남문 중문을 거쳐 정전의 정문에 이르고 정문에서 들어서면 정전이 있고 정전 뒤쪽에는 역시 축선을 같이 하여 침전의 순으로 배치하였다. 사대문이 있는데 동문은 건춘문으로 오행에서 춘(春)은 동쪽을 뜻하고, 서쪽은 영추문으로 추는 서쪽을 뜻하며, 남문은 광화문이고, 북쪽은 신무문으로 신무는 거북을 뜻하는 것으로 신무는 오행에서 북쪽을 뜻한다. 도성은 동서남북의 사방에 대문을 배치하고 그 사이사이에 소문을 두었다. 후에 조영한 창덕궁은 이궁으로 경복궁과 같이 축선상의 엄격한 배치를 하지 않고 북쪽의 산세에 따라 전각들이 동향으로 전개된다.

사원건축은 초기에는 일탑식 가람배치에서 후대에는 쌍탑식으로 변화된다. 일탑식은 남북축선상에 중문, 탑, 금탑, 강당의 순으로 배치되고 쌍탑식은 금당 앞에 좌우로 두개의 탑을 세우는 형식이다. 탑은 탑모양의 목조건물과 순수한 석탑이 있는데 통일신라시대의 황룡사지는 목탑이었고 백제시대의 익산미륵사지는 석탑을 세운 쌍탑 가람으로 밝혀졌다.

일탑식 가람으로는 경주 황룡사지, 분황사, 안동 봉정사, 보은 법주사, 합천 해인사, 하동 쌍계사, 논산 쌍계사, 청양 장곡사, 서산 개심사 등이 있다. 쌍탑식 가람으로는 경주 천군리사지, 감은사지, 사천왕사지, 남원 실상사, 구례 화엄사, 장흥 보림사 등이 있다.

우리나라의 건축은 예로부터 산 정상에 집을 짓지 않고 터를 잡기 위하여 산을 심하게 절개하지 않았었다. 적당한 평지에 터를 잡았으며 경사가 좀 더한 곳에는 축대를 쌓아 단을 만들었다. 영주 부석사의 축대는 경사지에 성토를 한 다음 축대를 쌓아 터를 만들었다. 산 정상에 건물을 지은 경우는 산성에서 장군의 지휘소인 장대와 망루로 이는 기능상 불가피한 경우이다.

다. 평면 구성

평면은 건물설계의 기본이다. 건물이 요구하는 목적을 충족시키고 기능에 합당하게 하기 위한 평면계획은 그렇게 단순한 것은 아니다. 건축계획을 하면서 평면이 잘 되면 형태나 구조는 쉽게 해결될 수 있을 만큼 평면계획은 중요한 것이다. 평면계획은 일정한 기준이 있어야 하는데 이것을 기본단위척(module)이라고 한다. 평면은 고대에서는 원형, 방형이 기본형이었고, 근세에 들어 오면서 장방형 다각형 등이 등장하게 된다. 장방형은 주칸에서 짝수보다는 홀수를 더 선호하였다. 대부분의 건물은 3,5,7,9 등의 홀수칸이고 2,4,6,8 등의 짝수는 민가에서나 사용되었는데 이는 기능상의 이유도 있었을 것이나 짝수는 음수(陰數)이고 홀수는 양수(陽數)라고 하는 음양의 이치에서 발생된 것으로 생각된다. 평면을 나눌 때는 3,4,5법이라는 수리를 이용하여 각도를 잡았었는데 현대 수학에서 피타고라스의 정리와 같은 것이다. 고대 건물에서 주칸이나 기둥높이 등은 수치상으로 미세한 차이가 나고 완전하게 일치하지 않는다. 척도의 기준이 되는 척(자)이 현대처럼 철이나 변형되지 않는 폴리에스텔로 만들지 않고 나무막대기에 자기가 쓰는 자를 다른 자에서 모조하여 사용하므로 이로 인한 오차가 있기 때문이다. 그리고 건물배치에서 정직각으로 하지 않았던 점도 있다. 정직각이나 병행은 딱딱한 감이 있고 좁게 보이는 등의 착시가 있기 때문에 오히려 한 쪽을 조금 넓게 하면 착시현상으로 직각이나 평행으로 보이게 된다. 평면구성은 평면만을 단독으로 구상하는 것이 아니고 입면, 단면, 구조의 안전성, 외관의 미려함 등에 대하여 수학적인 기법과 축적된 건축경험을 토대로 하여 종합적으로 판단 분석하는 것이다. 건물의 평면은 정사각형(정방형), 직사각형(장방형) 육각형, 팔각형, 십자형, 원형 등 여러 형태의 합성형으로 다양하게 구성할 수 있다.

라. 栱包樣式

1) 柱心包建築樣式

우리나라 목조건물 가운데 가장 오래된 것은 안동 봉정사 극락전이다. 일제시기에는 영주 부석사 무량수전을 最古의 건물이라고 했었으나 1969년 극락전 해체수리시에 "...前中創至正二十三年癸卯三月改蓋重修大木宏介"의 묵서명이 발견되어 극락전은 무량수전보다 앞선 건물로 판명되었다. 지정23년은 1363년(고려 공민왕 12년)이다. 이의 근거로는 부석사 조사당의 건립연대가 1377년(홍무 10년 : 고려 우왕 3년)이며 무량수전은 1277년대가 되며 극락전은 수리연대 보다 창건연대가 100년 내지 150년 앞선 것으로 보아 1263년으로 추정이 가능하며 건축양식에 있어서도 무량수전은 주두에 장식적인 굽주두가 있으나 극락전은 굽이 없이 원초적인 형태를 갖고 있다는 점에서 양식상으로 보아도 더 고식이란 것을 알 수 있다. 고려시대의 건물은 앞에 설명한 바와 같이 봉정사 극락전(도 4), 부석사 무량수전과 조사당, 수덕사 대웅전, 강릉 객사문 등이 있다.

주심포양식이란 기둥 위에만 공포를 배치하는 것으로 고려말 조선초기까지 이어오다가 조선중기 이후에는 다포양식의 건물이 성행하게 되었다. 주심포건축양식의 특징은 기둥위의 주두와 첨차위의 소로는 곡면으로 되고 굽받침이 없는 것과 있는 것으로 대별되는데 없는 쪽이 더 고식이다. 출목은 내외 일출목이며 소첨차와 대첨차로 구성된다. 첨차의 양단부는 직절되고 연화문형(쌍S자형)으로 조각된다. 보는 항아리 형태로 유연하고 대공은 포대공을 갖추며 반자를 설치하지 않는 연등 천장이다. 기둥은 배흘림으로 되어 있다

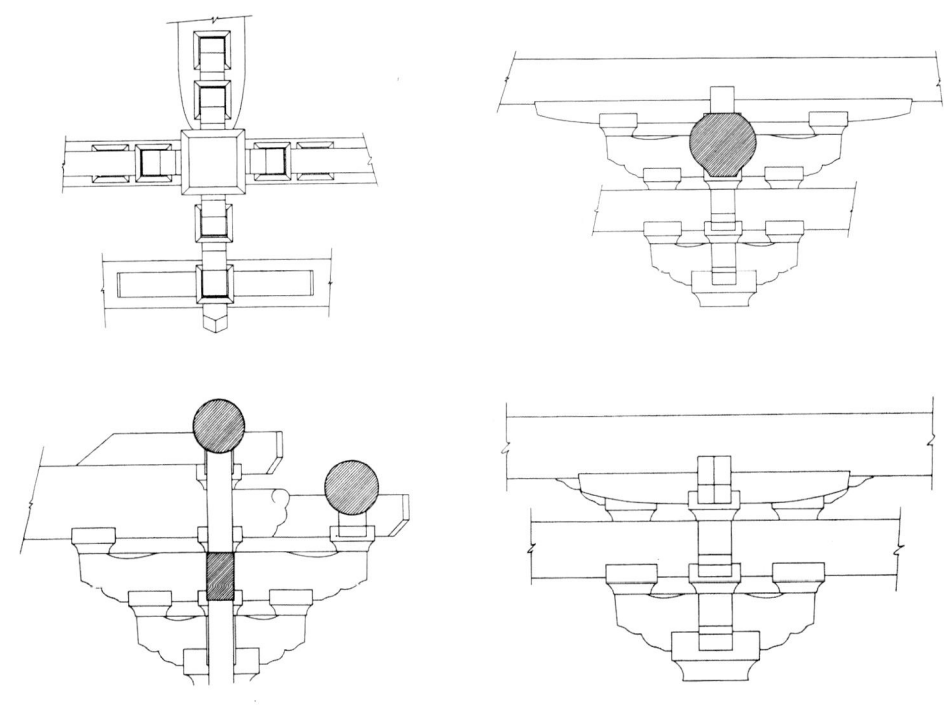

도4 안동 봉정사 극락적 공포도

2) 多包建築樣式

조선시대의 건물은 임진왜란으로 대부분 멸실되고 중기 이후의 건물이 많이 남아 있다. 전기 건물로는 서울 숭례문(조선 세종 30년 1448년), 나주향교 대성전(조선 중기), 서산 개심사 대웅전(조선 성종 15년 : 1484년), 안동 봉정사 대웅전(조선 초기), 창녕 관룡사 약사전(조선 초기), 보은 법주사 팔상전(조선 인조4년 : 1626년), 구례 화엄사 대웅전(조선 인조), 각황전(도5. 조선 숙종 23년 : 1703년), 부여 무량사 극락전(조선 중기) 등 다수가 있는데 중기 이후 궁전이나 사원의 주된 건물은 대부분 다포양식으로 건립하였다.

다포양식의 특징은 기둥과 기둥사이의 공간에도 공포를 배치하여 주심포양식보다 복잡하고 화려하게 구성된다. 출목은 건물의 내부와 외부에 이출목이상으로 구성된다. 창방 위에 평방을 올리고 공포를 배열한다. 주두와 소로는 굽받침이 없고 경사지게 절단 하였다. 보의 단면은 사각으로 모를 접는다. 첨차의 양단은 사절되고 제공은 앙서와 쇠서로 초각되어 연화 또는 봉황 무늬를 새겨 화려하게 장식한다. 천장은 반자를 설치하여 지붕밑이 보이지 않게 하고 대공은 간단한 동자주를 세워 장식을 하지 않았다. 기둥은 민흘림으로 한다.

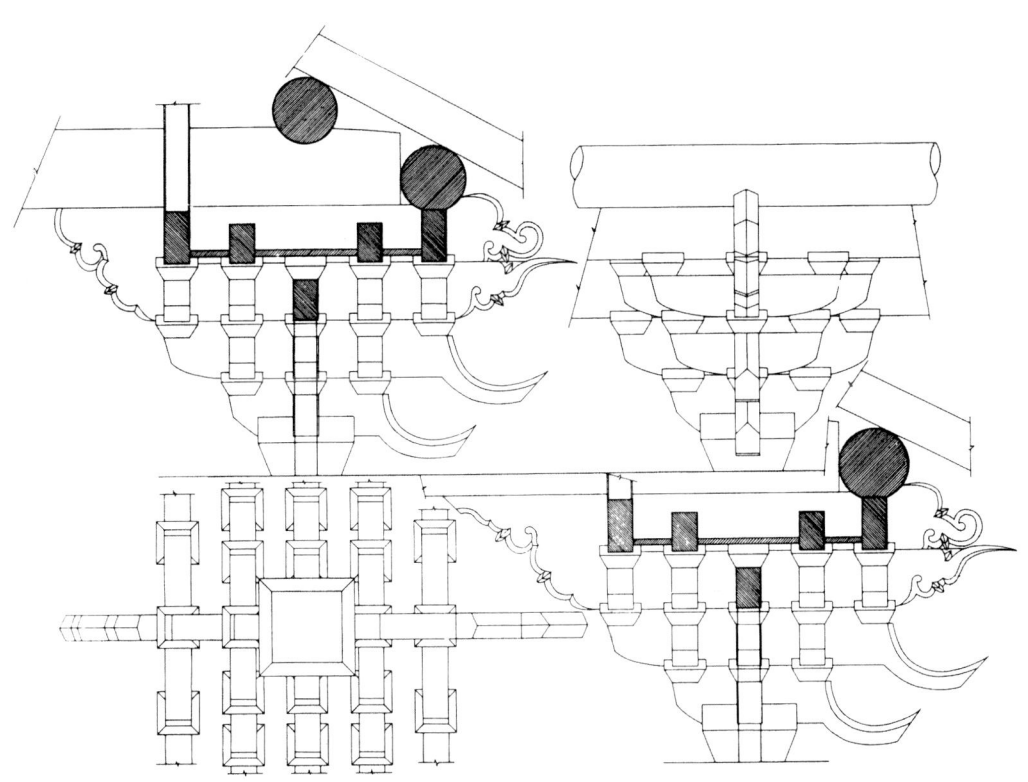

도5 구례 화엄사 각황전 공포도

3) 하앙(下昂)건축양식과 완주 花嚴寺 極樂殿

下昂이란 기둥위의 공포부재와 함께 짜여 길게 내민 출목도리를 받칠 수 있게 서까래의 경사와 같은 경사로 설치한 부재를 말한다. 출목도리의 높이나 위치를 자유롭게 잡을 수 있고 지렛대 모양으로 경사지게 걸어 공포부재와 같이 짜여진다. 하앙구조가 아닌 다른 건물보다 처마를 길게 내밀게 할 수 있는 장점이 있는 반면에 길게 내민 처마가 약화 될 수 있는 단점이 있다. 우리나라에는 하앙구조로 된 건물은 단 하나 뿐인데 완주 화암사 극락전(조선 숙종 40년(1714) 수리 기록)이다. 고대에는 이런 구조의 건물이 좀 더 있었을 것으로 추정되나 실제 한 동 밖에 남아 있지 않은 것은 앞서 말한 단점 때문에 어느 시기에 사라진 것으로 생각된다. 이런 양식의 건물은 일본과 중국에는 많이 남아 있다.

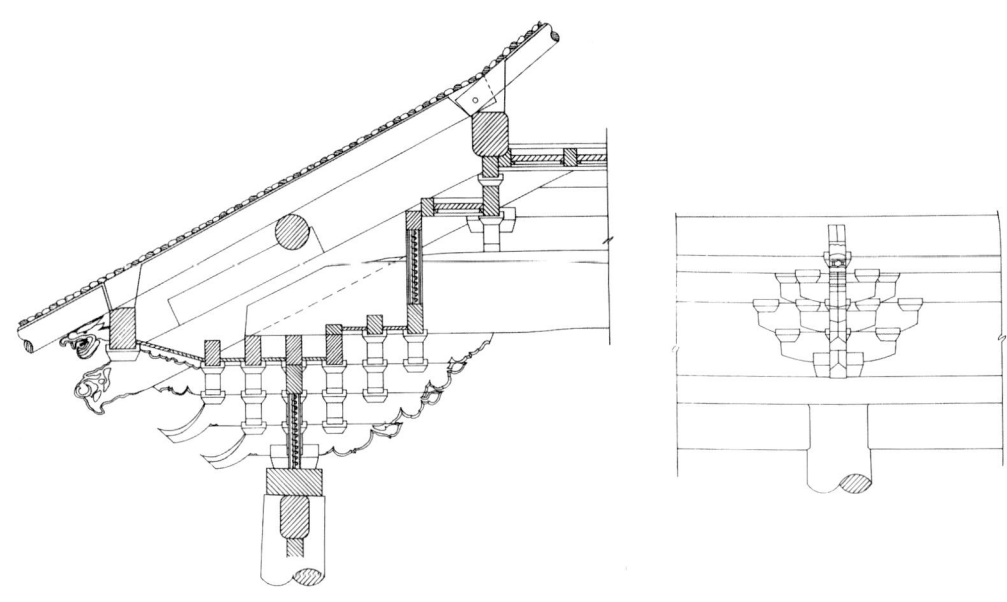

도6 완주 화암사 극락전 공포도(전면어칸 주심)

4) 익공(翼工)양식과 도리집

건축양식으로 민가나 궁전, 사원의 부수적인 건물은 구조양식이 간결한 도리집이나 익공양식의 건물을 지었다. 도리집은 기둥, 도리, 보만으로 형성된 가구이고 익공은 도리집 보다는 약간의 장식을 가미한 것이다. 익공양식은 기둥위에 출목이 있는 공포를 설치하지 않고 기둥에 익공과 창방을 결구하여 보를 받치는 역할을 한다. 익공은 익공의 수에 따라 초익공, 이익공, 삼익공 까지 있다. 출목이 있는 익공양식은 조선 후기에 나타난 건축양식으로 출목이 있는 경우에 주심포라는 명칭을 붙여 주심포건축양식과 구별한다. 도리집은 익공을 설치하지 않고 기둥, 보, 도리만으로 구성된 것으로 민도리집과 굴도리집이 있다.

마. 세부기법

1) 배흘림기둥

배흘림기둥의 건물로는 고려말기의 부석사 무량수전, 강릉 객사문과 조선 초기의 강진 무위사 극락전 등에 나타나는데 배흘림이 가장 강한 건물은 강릉 객사문이다. 이 건물의 배흘림치수는 기둥높이 10.85척에서 하단 직경이 1.84척이고 1/3지점은 1.89척으로 가장 굵고 기둥머리 부분은 1.18척이다.

2) 귀솟음(生起)과 안쏠림(側脚)

귀솟음(生起)은 기둥의 높이를 각각 조절하여 건물전체의 균형을 잡는 기법이며, 안쏠림은 변주를 건물 내부쪽으로 약간 기울여 건물 전체에 안정감을 주게 하는 기법이다.

귀솟음과 안쏠림은 옛날부터 내려오는 고도의 건축기법이었으며, 지금도 고건물에서 볼 수 있으나 그 시공방법은 다른 부재와의 연관성이 많고 까다롭기도 하여 무시되거나 무지로 인해 그 원형을 잃기도 한다. 그러나 이 기법은 한국건축의 중요한 기법이므로 영구히 간직되어야 할 것이다. 중국이나 일본에서도 이런 기법은 있었으나 중국은 명대 이후에, 일본은 무로마치(室町)시대 이후에는 자취를 감추고 말았다고 한다. 이들 기법에 관한 기록은 중국의 건축서인 영조법식에 상세하게 기술되어 있다. 귀솟음은 중앙기둥에서 협간의 기둥으로 가면서 기둥높이를 점점 높게 하는 것인데 귀솟음이 없이 수평으로 기둥을 세워 높으면 귓기둥이 처져 보이고 따라서 건물 전체가 추녀나 박공쪽이 낮아 보이게 된다. 이런 현상을 없애기 위해 귀솟음을 둔다. 안쏠림이 없이 수직으로 기둥을 세우면 구조상 밖으로 밀려 나는 불안한 상태가 나타나게 되고 시각적으로도 벌어져 보이게 되는데 이런 현상을 없애기 위하여 미리 건물 내부 쪽으로 기울여 세우는 것이다. 안쏠림은 일본의 건물 중에 고루(鼓樓)나 종각(鐘閣)과 같은 소형 건물에 나타나는데 한국건축에 나타나는 현상보다 훨씬 강하게 하여 안쏠림이라 하기보다는 기둥을 경사지게 세운 것으로 보인다. 귀솟음과 안쏠림의 정도에 대해 우리나라에는 문헌에 남아 있는 기록이 없으나 중국의 영조법식에는 이에 대한 자세한 기록이 있다. 우리나라의 경우 실존하는 고건물에서 역으로 그 수치를 측정하여 밝히고 있다.

영조법식에서 귀솟음은 건물의 칸수(間數)에 따라 솟음 높이를 두는데 13칸의 전당일 때 우주는 평주보다 1척(尺)2촌(寸)을 높게 하고, 11칸의 전당은 8촌(寸), 7칸이면 5촌(寸)의 솟음을 둔 것으로 되어 있으며 안쏠림의 정면기둥은 기둥의 길이 1척(尺)에 대해 안쏠림은 1푼(分)을 두고 측면의 기둥은 1척(尺)에 대해 8리(厘)를 둔다.

3) 처마의 앙곡과 안허리곡

목조건물은 처마의 흼이 수평지지 않고 건물의 중앙부에서 추녀쪽으로 약간씩 처들어 올라가게 하는데 이를 처마앙곡이라고 한다. 이는 귀솟음과도 관련이 있는데 귀솟음은 기둥자체를 높게하는 것이고 앙곡은 평연으로부터 추녀쪽으로 갈모산방을 설치하여 의도적으로 처마곡선이 점차 높아지게 하는 것이다. 앙곡이 없으면 지붕이 처져보이게 되므로 추녀끝을 점진적으로 높게하는 것이다. 추녀도 직선재를 사용하지 않고 윗면으로 굽은 재를 사용하여 앙곡과 추녀곡 모두가 처지지 않고 곧게 뻗어 올라가 공중으로 향하게 한다.

처마안허리곡은 지붕곡선이 건물의 중앙부보다 귀쪽이 더 길게 뻗어 나오는 것을 말한다. 지붕을 공중에서 내려다 볼 때 지붕의 형태가 네모 반듯한 평면이 아니고 건물 안쪽으로 휘어지게 보인다.

처마 앙곡과 안허리곡은 거의 같은 비례로 구성된다. 즉 처마앙곡의 휨곡선은 안허리곡과 거의 같은 곡선을 이룬다. 안허리곡이 없이 사방의 지붕이 직각으로 평형되게 지붕을 구성하면 추녀부분이 안으로 들어가고 중앙부분이 밖으로 휘어 보이는데 안허리곡을 둠으로써 지붕선이 평행으로 보이게 하는 이른바 시각교정을 위한 것이다. 이런 기법은 매우 숙련된 건축장인이 아니면 이루어 낼 수 없는 고도의 기술이다.

5. 고건축 장인

한국의 고건축을 이룩한 장인들은 언제부터, 어떻게 형성되었는지에 대하여 살펴보고자 한다. 오랜기간에 걸쳐 건축을 했던 장인에 대해서는 기록이 많지 않고 건축을 했던 공법에 대해서도 상세한 기록이 남아 있지 않아 후학들로서는 궁금증을 풀기가 쉽지 않다.

장인에 대한 기록이 더듬는 데는 삼국사기, 삼국유사, 궁궐영건의궤주례고공기 등이 인용되고 있다. 삼국사기와 삼국유사에는 장인(匠人)을 공장(工匠) 대장(大匠) 목업(木業) 공기(工技) 도편수(都邊手, 都片手) 편수(片手) 장인(匠人) 상대목(上大木) 등으로 이름하였다.

삼국유사 탑상 제4 동경 황룡사 구층탑 조에 "...선덕여왕이 여러 신하에게 문의하니 여러 신하들은 아뢰기를 공장(工匠)을 백제에 청구하여야 될 것입니다. 하여 보물과 비단으로 백제에 청하였다. 그리하여 아비지(阿非知)라고 하는 공장이 명을 받고 와서 목재와 석재로서 건축하고 이간(伊干) 용춘(龍春 혹은 龍樹)이 소장(小匠) 이백명을 거느리고 일을 주관하였다"고 되어 있는데 이 기록에 공장(工匠)이라는 명칭이 나온다.

고려사 식화 3조에 "...제아문공장별사(諸衙門工匠別賜)..." "...도교서에 목업지유와 석업지유, 중상서에 화업지유와 소목장지유(都交暑木業指諭 石業指諭 中尙暑 畵業指諭 小木匠指諭)..."라는 기록이 있다.

여기에 목업 소목장이라는 명칭이 나온다. 고려시대의 건축직제는 건축기술진의 총책임자를 목업지유라 하고 부책임자는 석업지유로 하였으며 그 아래 화업지유, 소목장지유, 목업행수교위(木業行首校尉), 조각장지유, 야장행수(冶匠行首)를 두었다.

조선시대에는 세종 때 숭례문(서울 남대문) 수리공사에 종사하는 공장 가운데 목공의 총책임자를 대목이라 하였고 정오품 사직이라는 관직도 부여하였다. 성종 때 대목의 관직은 정삼품 어모장군(御侮將軍)에 봉하였다. 조선 고종 때 서울 흥인지문(興仁之門 : 서울 동대문)중건의 건축직제는 목수편수(木手邊手)를 총책임자로 하고 그 하부에 공답(貢踏), 연목(椽木), 수장(修粧), 단청(丹靑), 조각(彫刻), 목혜(木鞋), 가칠(假漆), 석수(石手), 야장(冶匠), 정현(正炫) 등의 편수와 선장소임(船匠所任), 기거소임(岐鉅所任)등을 편성하였다.

목수장인에 대하여 고려와 조선초기에는 대목장이라는 명칭으로 불렸으나 조선후기에는 도편수라는 명칭이 등장하고 있다.

1880년대 이후 궁궐건축의 장인으로 활약했던 도편수는 洪邊手, 한세진(1880-1920) --- 崔元植 --- 崔伯鉉(1920-1930)으로 계승되었다. 이 가운데 최원식의 계보로 趙元載 - 李光奎(1920-1960) --- 申鷹秀(현재 활동)로 계승되며, 한세진의 계보로는 최원식 --- 임배근(박기섭) --- 심홍민, 김춘엽, 임배근의 계보로는 배희한(장유종), 신태희가 있고, 배희한의 계보로는 송의동, 이동흥, 고택영이 있다. 최백현의 계보로는 오홍범이 있었다. 이 밖에 현재 활동하고 있는 대목장으로 전흥수와 최기영이 있다.[2]

우리나라의 목조건축활동에 참여했던 많은 장인들은 궁궐건축과 사원건축 분야로 크게 나눌 수 있으며 이들은 오랜 역사를 통하여 전통건축물을 조영하고 이를 훌륭한 건축문화유산으로 남겨 놓았다.

참고문헌

- 한국목조건축의 기법(김동현 저 도서출판 발언 1993)
- 영조법식(국역본 국토개발원 1984)
- 한국기술교육사(이원호 저 1974)
- 한국건축사(윤장섭 저 동명사 1972)
- 한국건축양식론(정인국 저 일지사 1974)
- 목조(장기인 저 보성각 1995)
- 한국의 전통건축(장경호 저 문예출판사 1992)
- 한국건축공장사(김동욱 저 기문당 1993)
- 화성성역의궤(국역 수원시 1977)
- 남대문수리보고서(서울특별시교육위원회 1965) 등 각종수리보고서 외
- 중국건축개설(양금석 번역 태림문화사 1990

2) 대목장 : 1999 국립문화재연구소 발행

제 1 장
목재와 목공구

1. 목재
2. 목공구

목재와 목공구

1. 목재

우리나라의 전통건축물은 나무를 주요 구조재로 사용하고 있다. 과거 나무는 우리 주변에서 손쉽게 구할 수 있는 천연재료였다. 하지만 요즘에는 국내 목재 생산량이 현저히 떨어져 수입에 많이 의존하고 있는 것이 안타까운 현실이다.

나무는 천연재료로서 감촉이 좋고 외관이 아름다우며 수종이 풍부하다. 구조재로서 열팽창성이 적고, 흡음성, 내약품성 등 환경에 대한 내구성도 강하며 단위 무게에 비해 강도가 비교적 뛰어나고 가공이 용이한 장점을 가지고 있다. 산업화된 요즘 다양한 디자인과 우수한 재질의 재료가 많이 생산되고 있지만 인체에 무해하고 환경에 해를 끼치지 않는 재료로는 나무가 으뜸일 것이다. 하지만 나무의 가장 큰 결점은 흡수성이 높아 부식되기가 쉽고 함수율에 따른 치수변화와 뒤틀림이 생기는 것이다. 재질 또한 균일하지 못하여 나뭇결 방향에 따른 강도 차이가 있다.

가. 수종별 특징

1) 침엽수 – 건축 및 토목재료로 많이 사용되는 침엽수는 수목이 곧게 자라서 대장재를 얻기 용이하고 벌목 후에도 건조가 빠르며, 수액의 점도가 높아 부패가 잘 되지 않는다. 또한, 나무마다 독특한 향기가 있고 춘재와 추재의 구분이 뚜렷하여 결이 곧고 아름답다. 하지만 춘재와 추재의 강도 차이가 심해서 가공상의 문제점도 있다. 소나무, 낙엽송, 전나무, 가문비나무 등과 일본, 대만 등지에서 많이 사용하는 삼나무(杉木)가 있다.

2) 활엽수 – 주로 장식재나 가구재로 사용하며 침엽수 보다 강도는 우수하나 나이테가 명확하지 않고 불규칙하며 대장재를 얻기 힘들다. 또한 건조에도 상당한 시간이 소요되며, 성장시 가로방향으로 퍼지면서 성장하는 것이 많아 취재율이 낮다. 느티나무, 참나무, 벚나무, 밤나무, 대추나무, 오동나무, 참죽나무, 피나무 등 다양한 수종이 있다. 느티나무는 일명 괴목(槐木)이라 부르는데 이는 잘못된 표현이고 규목(槻木)이 원래 이름이다. 한국·일본·중국·만주·시베리아에 널리 분포하고 있다. 재질이 굳고 단단하며, 무늬가 좋아 가구재나 건축재로 널리 사용된다.

집을 짓는 데 사용하는 나무는 너무 단단하거나 무른 것은 좋지 않다. 강한 목재는 터짐이 심하고 작업도 용이하지 못한데 비해 무른 나무는 작업은 용이하나, 구조적으로 안전하지 못하다.

우리나라 한옥건축에 가장 많이 사용하고 있는 목재는 소나무이다. 소나무에는 육송(陸松), 적송(赤松), 홍송(잣나무), 해송(곰솔, 黑松) 등이 있다. 또한 중국이 자생지인 백송도 있다. 소나무는 탄력이 풍부하고 내습성이 강하며 가공이 쉬워서 구조재 뿐만 아니라 가구재로도 많이 사용된다. 예로부터 소나무는 집을 짓는데 최고의 나무로 여겼기 때문에 다른 좋은 목재가 있어도 그것은 잡용재로 사용되었다.

넓은 터를 잡고 많은 햇빛을 받으며 자라는 나무는 밑둥이 크고 사방으로 가지가 뻗어 옹이가 많이 생겨 강도가 균등하지 않다. 하지만 응달의 작은터에서 자라는 나무는 숱한 나무들과 경쟁하며 자라므로 줄기가 곧게 뻗으며 잔가지도 많지 않다. 태백산맥 줄기를 따라 금강산에서 양양, 명주, 울진, 봉화에 이르기까지 이들 지역에서 자라는 소나무는 줄기가 곧고 마디가 길며 나이테가 좁고 속이 붉다. 속이 붉은 소나무를 적송이라 하는데 같은 적송이라 해도 영동 지방 소나무가 영서 내륙지방 소나무보다 나무의 터짐이나 뒤틀리는 정도가 훨씬 덜하며, 껍질이 얇고 결이 곱다. 결속력도 강하여 집을 짓는 재목감으로 적합하다. 적송은 한옥을 짓는데 으뜸이다.

참나무나 박달나무 등은 강도는 강하나 결속력이 떨어지므로 주로 단일재로 사용하거나 촉, 쐐기, 은못으로 제작하여 사용한다.

나. 목재의 구성

목재는 뿌리, 줄기, 잎이 서로 다른 세포로 구성되어 있다. 줄기는 수피와 목질부, 수심으로 구성되며 목질부가 주로 재목으로 사용된다.

- ○ 수피 : 내수피와 외수피로 구성되어 있다. 외수피는 죽어있는 세포이고 내수피는 잎에서 만들어진 양분이 지나가는 통로이다.
- ○ 목질부 : 심재와 변재로 구성되어 있다.
  - 심재 : 이미 성장이 멈춘 세포로 목질이 가장 좋고 강도와 내구성이 크며 수심에 가까운 진한 색깔을 띠고 있다. 나무의 질이 단단하고 수분이 적어 변형이 적다.
  - 변재 : 지속적으로 성장하는 세포다. 물과 양분을 줄기로 보내는 통로로 나무를 지지하는 역할을 한다. 무르고 연하며 수액과 탄력성이 많아 변형이 심하다.
- ○ 수심 : 목재의 중심부 (pith)

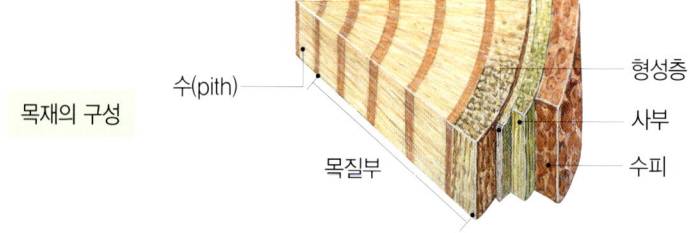

목재의 구성

1) 목재의 조직

가) 나이테

나무의 목질부에 형성된 띠로 수심을 에워싸고 동심원의 형태를 취하며 춘재와 추재로 구분한다. 춘재와 추재가 결합하여 하나의 나이테를 형성하는데 대부분 침엽수는 나이테가 명료하다.

- 춘재 : 광합성 활동이 활발한 봄과 여름에 자란 부분으로 잘 생장한 세포로 이루어져 있으며, 세포막이 얇고, 색깔이 연하다.
- 추재 : 색깔이 짙고 단단한 부분으로 성장이 둔화되는 가을과 겨울 동안 자란 부분이다. 세포막이 두껍고 조직이 치밀하다.

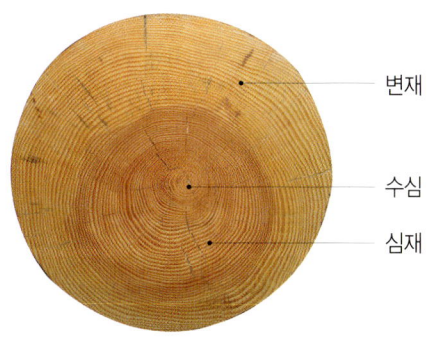

나) 목재의 색깔

짙은 색의 목재가 엷은 색의 목재보다 내구력이 크다. 생장조건 등에 따라서 같은 종류의 나무라도 색깔이 다르며, 나무의 광택은 곧은결이 무늬결 보다 좋다.

다) 목재의 흠
- 옹이 : 나무의 줄기에서 가지가 뻗어 나간 곳에 생기는 것으로 옹이 경계부위는 강도가 떨어지고(압축강도는 강하나 전단강도 및 휨강도가 떨어진다.) 대패질도 힘들다. 옹이는 제재한 나무의 상하를 구분할 때 유용하게 이용된다.
- 썩정이 : 수령이 오래된 나무는 나뭇가지가 말라 죽거나 부러진 후 죽은 가지 속으로 비가 스며들게 되는데 오랜 세월이 흐르면 나무의 몸통까지 비가 스며들어 썩게 된다.
- 껍질박이 : 나무가 성장하는 동안 상처를 입어 아무는 과정에서 껍질이 말려 나무 내부로 들어가는 것으로 강도가 현저히 떨어진다.
- 갈램 : 목재의 건조, 습윤 등에 따라 팽창, 수축, 변형된 것으로 마구리갈램, 방사갈램, 심 갈램 등이 생긴다.
- 지선 : 목재의 수지가 흘러나오는 곳에 생기는 흠으로 가공 후 목재에 얼룩이 남는다.
- 혹 : 균류의 작용으로 섬유의 일부가 부자연스럽게 발달한 부분이다.

썩정이　　껍질박이　　갈 램　　지 선

2) 목재의 함수량

목재는 많은 양의 수분을 함유하고 있어 건조에 따른 수축변화가 심하다. 벌목한 나무를 바로 사용하면 뒤틀리거나 갈라지기 쉬우므로, 재목으로 사용하기 전에 충분한 건조가 필요하다. 건조에 의한 목재의 수축량은 보통 함수율 1%변화에 대해 약 0.2%정도 이다. 길이 방향보다는 나이테 방향의 수축률이 크고, 심재 보다는 변재가 함수량이 많아 수축이 심하다.

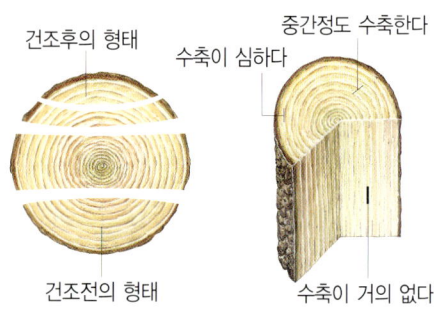

목재의 수축과 변형

- 함수율(%) = (건조전의 무게 - 건조후의 무게) ÷ 건조 후 무게 × 100
- 기건재 : 대기중의 습도와 평형 된 상태로 함수율 15% 이하인 부재.
- 전건재 : 기건재가 더욱 건조되어 함수율 0%인 부재
- 함수율 측정방법 : 전건 중량법 (무게를 달아서 측정)
- 함수율측정기 : 고주파 용량식 목재 함수율계, 전기 저항식 목재 함수율계

3) 목재의 강도

목재는 비중, 수분 함량, 흠이 많고 적음, 나뭇결 방향 등에 따라 강도가 다르다. 강도는 비중에 비례하고 흠과 수분 함량에 반비례한다.

건조 상태가 좋을수록, 변재보다는 심재의 강도가 크다.

구조재로 사용하는 경우 사용위치에 따라 나무의 결 방향을 고려해야만 목재 최고의 강도를 유지할 수 있다.

4) 목재의 비중

비중은 목재의 수종에 따라 다르지만 보통 활엽수가 비중이 크다. 또한, 소나무와 같이 조직이 성긴 것은 비중이 작고, 느티나무와 같이 조직이 치밀한 것은 비중이 크다.

- 침엽수 비중 : 0.3 ~ 0.5, 활엽수 : 0.5 ~ 0.9
  (오동나무 0.3 < 삼나무 0.4 < 소나무, 해송 0.5 < 참나무류 0.65 < 가시나무 0.9)

5) 목재의 재적 및 단위

단위 = 재(才. 사이), 입방미터(m^3), 보드피트(B.f)

- 1재 = 1치 × 1치 × 12자 = $0.00334m^3$
- $1m^3$ = 299.5648재 (≒약 300재)
- 1 Board feet : 1″ × 12″ × 12″ = 0.706재
- 판재는 두께를 표시하고 그 표면적의 합계를 m^2 또는 1坪묶음으로 취급하거나 才수로 계산
- 원목(재) = 지름 × 지름 × 길이 ÷ 12 (지름이 작은 방향을 기준)

  ※ 현재 사용하는 척 : 1자(尺) : 303mm / 1치(才) : 30.3mm / 1푼(分) : 3.03mm

다. 벌목[1]과 운반

목조건물을 짓는데 가장 중요한 것은 질 좋은 나무를 구해 쓰는 일이다.

나뭇가지가 처지거나 올라간 형태, 표피의 상태, 굵기 등으로 나무의 좋고 나쁨과 수령을 짐작할 수 있다. 예를 들어 나뭇가지가 아래로 축 처진 것은 수령이 많은 나무이다. 소나무의 경우 표피가 거북등무늬를 이루며 갈라져 있는 것이 좋은 나무이다.

표피의 색깔은 짙은색 보다는 엷은색 이나 붉은 빛을 띠는 나무가 속이 더 단단하고 뒤틀림이 적어 좋다.

---

1) 벌목 : 산판에서 원목이나 재목으로 쓰고자 생나무를 베어 내는 일

처서가 지나 낙엽이 지는 가을이 나무 베기에 가장 좋은 시기이다. 이 시기에는 나무의 물이 내려가 수분이 적어지므로 성장이 둔화된다. 이 때 벌목을 하면 해충의 피해와 색깔의 변질이 적다. 강도도 좋아 목재로써의 수명도 오래간다. 또한 원목이 가장 잘 건조되는 시기이기도 하다. 여름에 벤 나무는 잘 건조되지 않고 습기가 많아 해충의 피해가 많다. 또한 청(푸른곰팡이)이 들고 쉽게 부패하며 잡목과 풀이 우거져 운반하는데도 어려움이 따른다.

부득이 봄에 벌목하게 되면 밑둥만 잘라 넘겨놓은 후 가지를 그대로 두면 소나무 잎이 몸통의 수분을 빨아들여서 원목이 빨리 건조된다.

땅이 어는 늦가을이나 겨울에 벌목하면 위험은 많이 따르지만, 눈이 땅을 덮고 얼면 운반시 나무의 손상이 적고 끌어 내리기도 용이하다.

산비탈에서 벤 나무는 가지를 친 다음 원목을 중토장[2] 까지 내려 보내야 하는데 먼저 산 밑 골짜기로 내려 보낸다. (몇 통이나 되는 긴 나무를 상하지 않게 산 밑 골짜기로 내려 보내는 방법은 원목의 상부를 산비탈 방향으로 내려 보내면 잔가지들은 주변 나무들에 의해 잘려 나가 몸통만 남게 된다) 골짜기로 보낸 나무는 트럭이나 포크레인에 쇠줄로 연결하여 중토장 까지 보낸다.[3] 중토장에 도착한 원목은 다시 제재소를 거쳐 건축재나 가구재로 사용된다.

목재 검측

탈피 작업

목재 자르기

---

2) 중토장 : 산판에서 벌목한 재목을 운반하기 위한 중간 하역장
3) 『천년 궁궐을 짓는다』(신응수 「천년궁궐을 짓는다」에서 발췌)

운반

중토장

라. 제재

원통형의 나무를 인력으로 켜는 것을 인거(引鋸)라고 하고 동력이나 기계를 사용하여 켜는 것을 제재라 한다. 제재하기 전에 나무굽이나 결을 찾아 켜야만 목재의 강도를 높일 수 있다. 가구재와 건축재는 용도에 따라 제재하는 방법이 서로 다르다. 건축재의 경우 제재를 잘못하면 작은 하중에도 목재가 부러지거나 쪼개지는 결과를 초래하므로 나무의 상태와 특성을 파악하여 켜는 것이 무엇보다 중요하다.

원목 제재

마. 건조와 보관

1) 건조

목재가 수분을 얼마만큼 함유하고 있는가에 따라 목재의 변형 정도가 달라 진다. 앞에서 언급한 것처럼 수분 함량이 많으면 목재의 수축과 팽창이 반복되어 치수 변화가 크다. 따라서 목재를 잘 건조해서 사용하는 것이 구조물의 변형(뒤틀림, 변색, 썩음, 갈라짐)을 막고 수명을 연장할 수 있는 가장 근본적인 방법이다.

가) 자연건조

먼저 벌목한 목재의 껍질을 벗긴다. (탈피작업-벌레도 안 생기고 수분을 빨리 증발시키기 위해서이다.) 바람이 잘 통하고 배수가 잘 되는 옥외에 모탕을 설치하고 목재를 수직으로 엇갈리게 쌓거나 응달에 적치하고 햇빛이나 비에 노출되지 않도록 건조시킨다. 건조시킬 때는 크기가 동일한 부재를 함께 적치한다. 탈피작업을 한 목재는 대략 1년 이상 건조시켜야만 재목으로 사용할 수 있는데, 건조 과정에서 나무가 심하게 비틀어져 못쓰게 되는 경우도 있다. 나무로 집을 짓는 일은 많은 시간을 필요로 하는 작업이다. 나무는 치목[4]하는 동안 어느 정도 건조되지만 건조 시간이 충분 할수록 더욱 좋은 집을 지을 수 있다. 원목을 필요한 치수대로 제재하여 대략 1년 이상 건조시켜 사용하는 경우도 있는데 이때 치수는 건조 과정에서의 변형을 고려하여 여유있게 한다.

나) 인공건조

가구용으로 사용되는 목재를 건조할 때 주로 이용한다. 목재를 건조실에 넣고 열이나 증기로 건조시키는 방법으로 짧은 시간에 많은 양의 목재를 건조시킬 수 있다. 고온건조법, 고주파 가열 등이 있다. 건축용 목재는 자연 건조된 나무를 사용하는 것이 가장 좋다.

▶ 집을 짓는데 필요한 목재의 함수율은 18%이하를 원칙으로 하고 있으며, 기준함수율 이하로 유지하도록 관리해야 한다. 함수율은 외부의 기후변화에 따라 수시로 변한다. 특히 장마철엔 목재가 습기를 빨아들여 함수율이 커진다. 구조재의 위치, 지역이나 계절, 집의 위치에 따라 함수율은 조금씩 차이가 있다. 옥외에 노출되는 부분의 함수율은 15% 정도이고 지붕틀(공포) 부재의 함수율은 13% 정도이다. 겨울보다는 여름이, 지면과 가까운 하부 구조에서 함수율이 높게 나타난다.

---

[4] 치목(治木) 나무를 다듬어 용재를 만드는 일

▶ 잘 건조되지 않은 부재를 사용할 경우 조립하는 과정에서 함수율 변화로 비틀림이 생겨 건물이 틀어지는 경우가 많은데 이를 방지하기 위해서는 가새로 기둥과 기둥을 연결하여 고정시켜 놓아야 한다. 목재의 조립이 끝나고 바로 기와를 얹어 놓는 것도 변형을 막는 좋은 방법 중의 하나이다.
판재(마루, 반자)의 조립은 맨 마지막에 시공하는데 이는 판재를 충분히 건조시켜 뒤틀림, 수축 등 변형을 방지하기 위해서 이다.

2) 보관

보관하는 부재는 오염과 손상에 대비하며 용도에 따라 구분하여 적치 보관한다. 트임을 방지하기 위해 초벌 가공한 부재를 한지 등으로 발라 두기도 한다. 마구리에 토분먹임을 하거나 접착제를 발라 건조시키면 수분이 천천히 빠져나가므로 갈라짐이 적다. 목재는 직접 지면에 닿지 않게 모탕(받침목)을 설치하여 적재한다. 이는 땅에서 올라오는 습기나 물기로부터 목재를 보호하기 위해서 이다. 또한 직사광선을 피하고 주변에 소화시설을 두거나 소화장비를 비치한다.

조립 후 손상이 우려되는 부분은 널빤지나 모포 등으로 덮어 눈, 비, 이슬에 맞지 않게 한다.

적재 보관 / 모탕

2. 목공구

가. 측정·먹매김 공구

옛날에는 길이를 잴 때 자(尺)를 사용하였다. 일제강점기부터는 척관법(尺貫法)과 미터법을 병용하여 사용해 왔으나, 현재는 미터법을 표준 단위계로 사용하고 있어 모든 도면은 mm로 표기하고 있다. 하지만 고건축현장에서는 아직 척관법(尺貫法)을 사용하고 있어 이에 대한 이해도 필요하다.

길이를 재는 잣대는 용도에 따라 달리 사용된다. 측정공구는 치수를 재는 기준이 되므로 손상이 없어야 한다. 따라서 취급시 각별한 주의가 필요하다.

1) 곡자(曲尺)

재질은 스테인레스강이며 ㄱ 자의 앞면은 尺으로 자(尺)·치(寸)·푼(分)·리(釐)가 뒷면에는 척과 $\sqrt{2}$(=1.4142....)의 값과 원주율이 표시되어 있다.

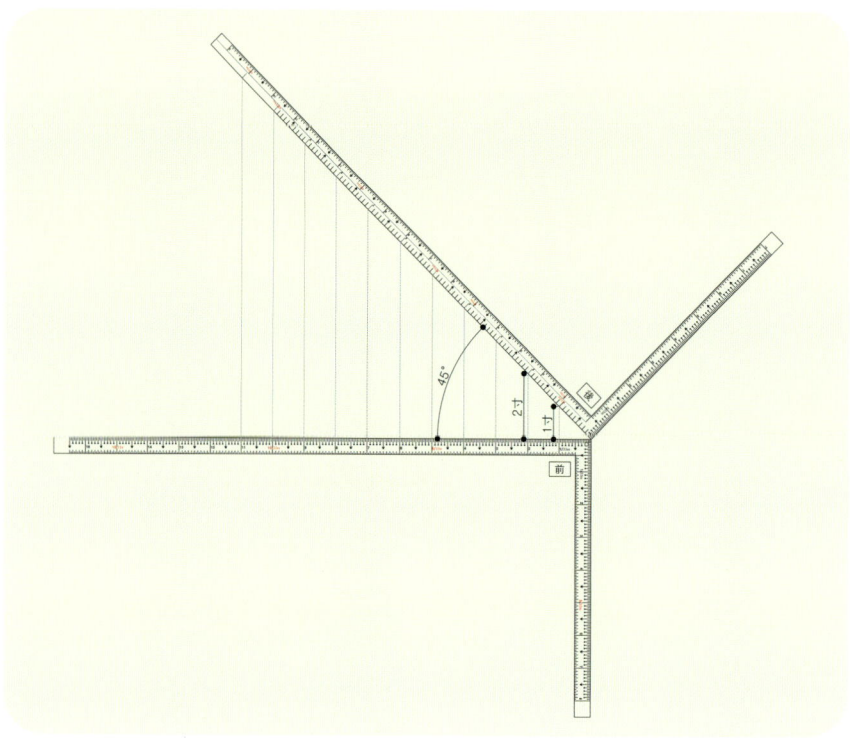

◎ 곡자 사용법 ◎

- 왼쪽 손으로는 곡자의 긴 부분 중앙을 잡고 오른손으로는 먹칼을 잡는다.
- 먹칼은 바로 세우고, 왼손은 곡자가 움직이지 않게 누른 후 선을 긋는다.

2) 미레자

ㄱ자 또는 T자 형태로 나무에 치수를 매겨 기준선에 대해 직각으로 선을 그을 때 쓰는 자

3) 장척(長尺)

현장에서 기둥이나 보, 장여 등 긴 부재를 치목할 때 주로 만들어 사용하는 것으로 긴 각재에 주칸의 길이나 가공할 치수를 표시하여 먹선을 그릴 때 기준으로 하는 자이다. 1m정도는 동척이라 한다. 장척으로 사용하는 목재는 건조가 잘 되고 뒤틀림과 옹이가 없는 곧은결 목재를 사용해야 한다.

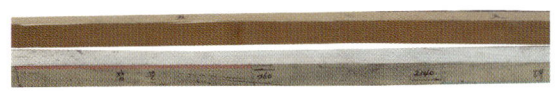

장척 상세

4) 줄자 (직포. 강철)

좁은 강철이나 헝겊에 눈금을 매겨 둥근 갑 속에 감아 두었다가 사용할 때 풀어서 측정한다. 5m, 7.5m 등 길이가 다양하고 휴대가 편리하다.

5) 직각 · 연귀자

직각을 본뜨거나 직각을 검사할 때 사용. 두변을 3:4 로 하고 사변길이를 5로 하면 직각자가 된다.

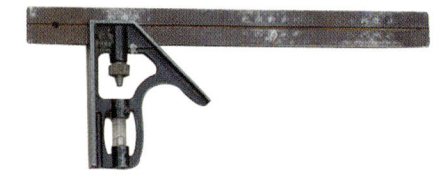

직각(연귀)자

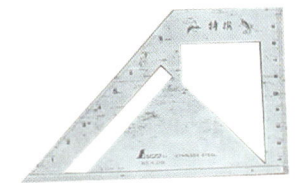

연귀자

6) 그레자

콤파스 모양을 한 자로 그레칼, 또는 그랭이 칼이라고도 한다. 한쪽 다리를 기준선에 대고 다른 한 다리를 벌려서 그렝이 할 부재에 대고 그려나간다. 주로 주초석 위에 기둥을 세울 때나 문선, 벽선 등을 기둥에 맞춰 조립할 때 사용한다.

7) 그므개(촌목)

여러 부재에 동일한 치수선을 그릴 때나 얇은 판재를 일정한 간격으로 홈을 낼 때 쓰는 것으로 칼날이나 먹칼(펜)을 꽂아 사용한다.

8) 먹통 · 먹칼

먹통은 먹물을 담아 두는 통으로 먹줄감개(도래)에 실을 감아 먹줄치기, 먹긋기에 사용한다. 목수들의 취향에 따라 호랑이, 거북이, 연꽃 문양 등 다양한 형태가 있다. (먹물은 잘 지워지지 않는다)

먹칼은 대나무로 만들어 사용한다. 대나무를 쪼개어 한쪽 끝을 얇게 깎은 다음 먹물을 머금을 수 있도록 다시 잘게 쪼개어 칼날처럼 날카롭게 깎아 만든다. 먹통의 먹물을 찍어 먹매김 할 때 사용한다.

먹 통

대나무 먹칼

9) 수평 · 수직기

짧은 거리의 수평을 확인할 때는 목수평을 사용하고 먼 거리의 수평 확인에는 물 수평계를 사용한다. 요즘 사용하는 수평계는 유리곡관에 알코올과 소량의 공기를 넣고 봉한 기포관을 알루미늄이나 나무로 된 틀에 고정시켜 사용한다. 공기방울의 움직임으로 수평정도를 알아보는 것으로 수평 뿐만 아니라 대각선(45°) 등 필요에 따라 측정이 가능하다.

수직을 가늠하는 추는 줄을 매달아 내려 기둥이나 부재의 수직상태를 확인할 때 사용한다.

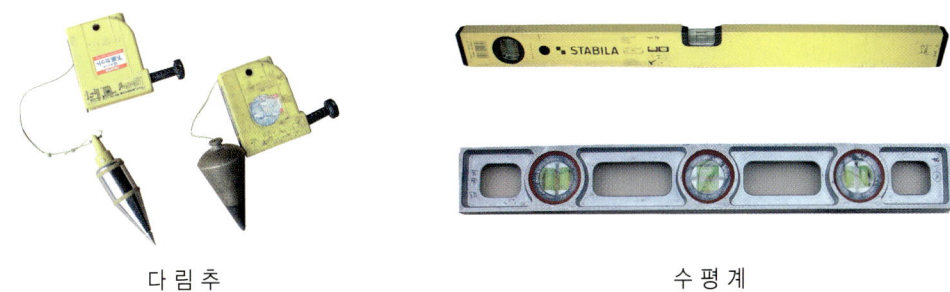

| 다 림 추 | 수 평 계 |

나. 자귀

나무를 깎아 다듬는데 쓰는 공구로 용도에 따라 선자귀(큰자귀)와 손자귀(작은 자귀)로 구분한다. 1차 가공시 사용하는 공구이지만 다른 공구보다 정확성이 필요하다. 요즘 현장에서는 기계톱이나 기계대패의 사용으로 자귀질하는 모습은 보기가 힘들어 졌다.

1) 선자귀(큰자귀)

나무로 몸통을 만들어 날을 끼우고 그 중간에 자루를 끼워 만든 공구로 서서 두 손으로 잡고 깎는 자귀를 말한다.

2) 손자귀 (작은자귀)

한 손으로 잡고 깎는 작은 자귀. 날 전체가 쇠로 되어 있고 나무 자루를 끼운 자귀는 까뀌라 한다. 큰자귀보다 세밀한 작업에 사용 된다.

3) 도끼

원목의 겉목을 치거나 가지치기, 옹이를 제거 할 때 주로 사용한다.

| 선자귀(큰자귀) | 손자귀(작은자귀) | 도끼 |

다. 톱

나무나 쇠붙이를 자르거나 켜는데 사용하는 것으로 목재의 섬유방향으로는 켜는 톱을, 섬유방향에 직각되게 자를 때는 자르는 톱을 사용한다.

대톱(큰톱)은 이가 크고 긴톱으로 큰 재목에 사용된다. 중톱은 세밀하지는 않지만 1차 가공작업시 많이 사용하고 소톱은 이가 작아 마무리 또는 세밀한 작업에 주로 사용한다.

1) 탕개톱(틀톱)

톱에 틀이 붙어 두 사람이 서로 밀고 당기어 켜게 되는 톱으로 과거에 많이 사용하였다.
톱위에 탕개줄을 엮고 중간에 탕개목을 설치하여 탕개목을 돌려 탕개줄이 단단히 고정되면 사용한다.

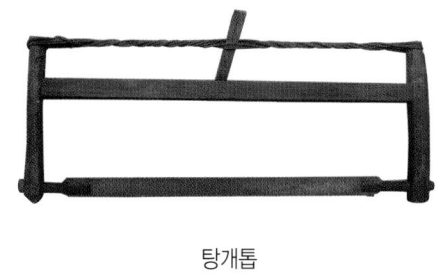

탕개톱

2) 양날톱(붕어톱)

톱의 양쪽에 켜는 날과 자르는 날이 있는 것으로 톱 몸이 넓어 붕어처럼 생긴 톱이다. 일본톱으로 요즘 현장에서 주로 사용한다.

3) 잉걸톱(인걸톱)

내리켜는 톱

4) 등대기톱

장부의 어깨 및 세공 작업에 사용하고 톱 몸이 얇으므로 톱 등에 등대기 철물로 보강한 톱
등대기 때문에 깊게 자르는 작업은 어렵다.

잉걸톱

5) 외날톱

톱니를 톱의 한쪽에만 낸 톱

6) 동가리톱(동톱)

나무를 가로 자르는 톱

인걸톱(거두)

7) 쥐꼬리톱

   톱몸이 좁고 두꺼우며 끝으로 갈수록 가늘다. 원형이나 곡선을 오리는데 사용

8) 기타 (전기 원형톱, 전기 체인톱)

   현재 많이 사용하고 있는 것으로 전력을 이용하여 켜거나 자르는 톱

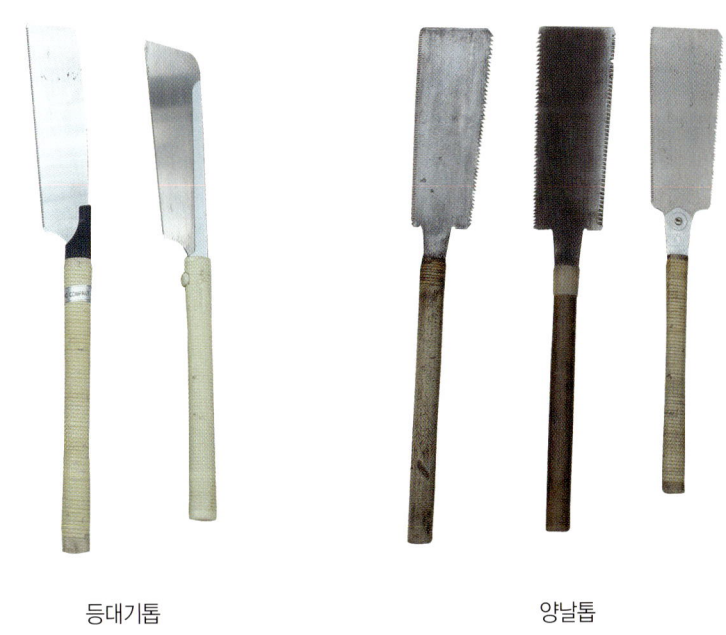

등대기톱   양날톱

라. 대패

치목한 부재를 평탄하게 깎거나 마무리 할 때 또는 치장하기 위한 공구로 종류가 다양하다. 전통 대패는 앞으로 밀어 깎는 방식이나 근래에는 앞으로 당기는 일본식 대패를 사용하고 있다. 크고 긴 부재를 대패질 할 때는 미는 대패가 능률적이고 세밀한 작업에는 당기는 대패가 좋다.

보통 마름질에 따라 막대패(초련대패), 중대패, 잔대패(마무리대패)로 구분한다.

1) 평대패(홑날)

   가슴에서 밖으로 밀어내는 우리 전통 대패로 덧날 없이 어미날만을 가지고 깎는다. 평면을 만드는 대패로 경쾌하게 잘 깎이는 장점이 있지만 다소 거칠고 엇결 및 옹이 등을 깎을 때 어려운 단점이 있다.

2) 평대패(덧날)
   일본식 대패로 어미날에 덧날을 고정하여 사용하며 엇결 및 옹이를 깎을 때 작업이 용이하다.
   사용방법은 홑날대패와 반대로 밖에서 가슴으로 잡아 당겨 사용한다.

3) 긴대패
   평대패 보다 대팻집이 긴 것으로 긴 부재를 직선으로 대패질하는데 쓰인다.

4) 마무리대패
   목재면을 초벌대패 → 중대패로 민 다음 곱고 미끈하게 마무리 할 때 사용한다.

5) 배대패
   대팻집이 짧고 밑면이 배 모양으로 되어 있어 곡면을 깎는데 사용한다.

6) 굴림대패(오목대패)
   모를 둥글게 깎을 때에 사용하는 대패. 대팻날이 둥글게 되어 있다.

7) 둥근대패(배둥근대패)
   굴림대패와 반대로 면을 둥글게(오목) 깎는 대패

8) 변탕
   목재면의 가장자리를 곧게 밀어내거나, 널 옆을 턱지게 깎아 내는 대패

9) 쇠시리대패
   기둥, 문살 등의 면이나 모서리에 여러 종류의 줄무늬를 만들 때 사용하는 대패로 외사, 쌍사, 투밀이, 배밀이 등이 있다.

10) 옆훑이대패
    개탕홈을 파고 그 옆면을 곱게 미는 데 쓰는 대패

11) 손잡이훑이기
    나무의 껍질을 벗길 때 사용하는 것으로 손잡이가 달린 훑이기

12) 기타 (전동대패)
현재 많이 사용하고 있는 전력을 이용하여 깎는 대패

평대패   배대패   둥근대패   굴림대패

미는대패(덧날)   (홑날)   쌍사 대패   모끼 대패

홈대패(변탕)   홈대패(개탕)   홈대패

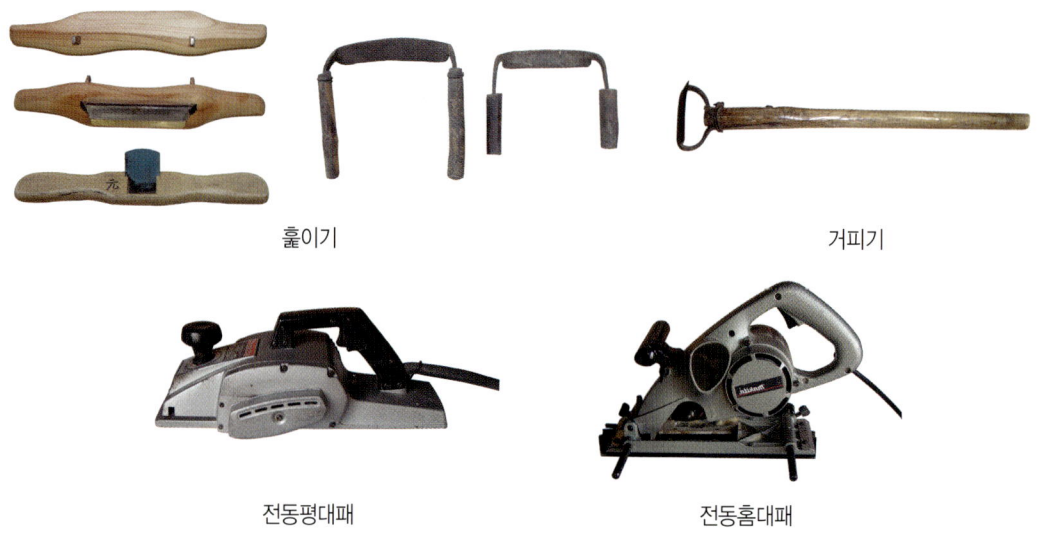

| 훑이기 | 거피기 |

| 전동평대패 | 전동홈대패 |

◎ 대패 구조 및 손질법 ◎

- 대패 구조 : 대팻집과 어미날, 덧날로 구분한다.

① 대팻집 : 갈라지거나 뒤틀림, 수축에 의한 변형이 적은 참나무를 주로 사용하는데, 대팻집의 마구리는 순결로 이루어진 단단한 목재가 터짐이 적다. 바닥은 날집을 기준하여 앞면이 뒷면보다 0.5~1mm정도 경사져 낮게 되어야 대패 작업이 원활하다.
② 어미날(대팻날) : 어미날은 연강(軟鋼)에 탄소공구강을 단접(鍛接), 열처리한 것을 사용한다. 날의 윗부분은 아래보다 약간 넓고 두껍게 되어 밑으로 미끄러져 내려가지 않게 되어 있다. 대팻집에 날이 꽂히는 각도는 41°정도가 보통이다.
③ 덧날 : 어미날 앞에 놓여 목재의 거스러미가 일어나는 것을 방지한다.

| 대팻집 | 어미날 | 덧 날 | 어미날 / 덧 날 / 대팻집 |

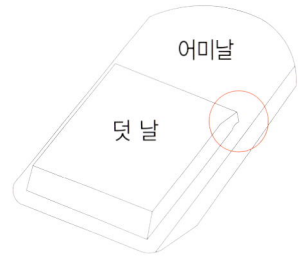

- 어미날과 덧날을 서로 맞대어 눌렀을 때 빈틈이 없고 흔들림이 없이 밀착되어야 한다.
- 덧날의 뒤 귓 부분은 약간 구부려져 있는데 구부린 각도가 클수록 대패질이 힘들다.

– 손질법

① 대팻날 빼는 법

엄지를 대패 덧날에 대고 빼는 방향으로 밀면서 다른 한 손에 든 망치로 대팻집 앞 모서리를 번갈아가며 두들겨 빼낸다.
(대패 앞 중앙부분을 망치로 두드리면 대팻집이 갈라지는 경우가 있으므로 주의해야 한다.)

② 대팻날 갈기
ㄱ. 거친 숫돌로 초벌 갈기를 하고 고운숫돌을 이용하여 마무리 한다.
 (대팻날이 크게 손상된 경우에는 그라인더에 갈아 낸 다음 숫돌에 날 갈기를 한다.)
ㄴ. 대팻날 갈기가 잘 된 것은 날 양끝이 중앙보다 약간 짧게 되며 둥글게 모를 접은 형상이 된다.

③ 대팻날 맞추기
ㄱ. 어미날과 덧날을 대팻집에 끼워 왼손으로 대팻집과 날을 잡고 오른손으로 날을 두들겨 고정한다.
ㄴ. 마무리 대패질을 할 때에는 대팻집을 뒤집어 잡고 대패 끝과 눈을 수평으로 하여 봤을 때 대팻날이 0.3mm 정도 대팻집에서 돌출되게 한다.(이 때 여러 번 반복하여 어미날과 덧날을 두들겨 조정하여야 한다.) 덧날을 맞출 때 다시 어미날이 밀려 나오는 경우가 있으므로 어미날 아래쪽에 왼손 엄지손가락을 넣어 고정시키고 덧날을 조정한다. 어미날과 덧날 사이는 0.2mm정도가 되게 맞춘다.

④ 대패 사용법 및 보관

왼손으로 대팻집의 머리를 잡고 오른손으로는 대팻집의 끝을 잡고 당긴다.

대패질은 손목이나 팔목의 힘이 아닌 온 몸의 힘을 이용하여 깎도록 한다.

대패질을 할 때 몸의 중심은 앞발에서 뒷발로 옮겨 가는데, 이 때 대패질의 시작과 끝이 동일하게 힘의 강약을 조절해야 한다.

대패질이 끝난 후에는 날을 대팻집 바닥에서 보이지 않도록 살짝 뺀 다음 옆으로 세워 보관한다.

대팻날 맞추기

대팻날 빼기

대패잡는 법

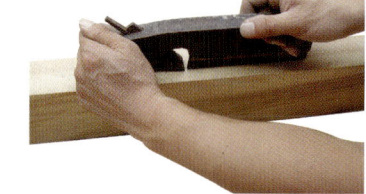

마. 끌

부재에 구멍을 파거나 맞춤부를 따내고, 조각할 때 사용한다. 전통끌은 날과 자루가 한 몸으로 이루어져 있는데, 요즘 사용하는 것은 날몸의 한쪽 끝에 나무자루를 끼워 사용하고 있다. 끌은 사용법에 따라 치는 끌과 미는 끌로 나누는데 용도에 따라 끌 몸과 자루의 각도가 달라진다. 무른 나무에 사용하는 끌은 앞날 각이 작고 단단한 나무 일수록 경사각을 크게 하여 작업해야 한다.

끌은 평활한 면과 경사진 면을 가지고 있는데, 용도에 따라 양면을 번갈아 사용하면 좋은 결과를 얻을 수 있다.

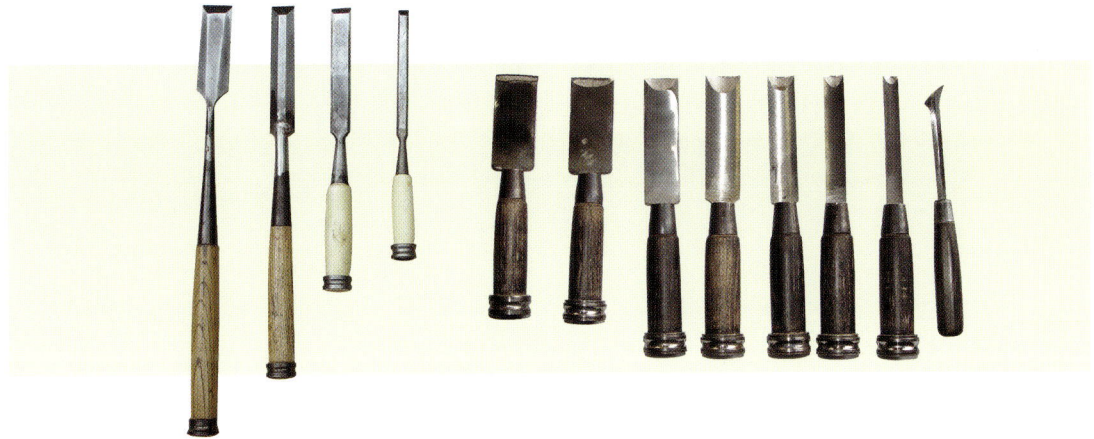

치는끌

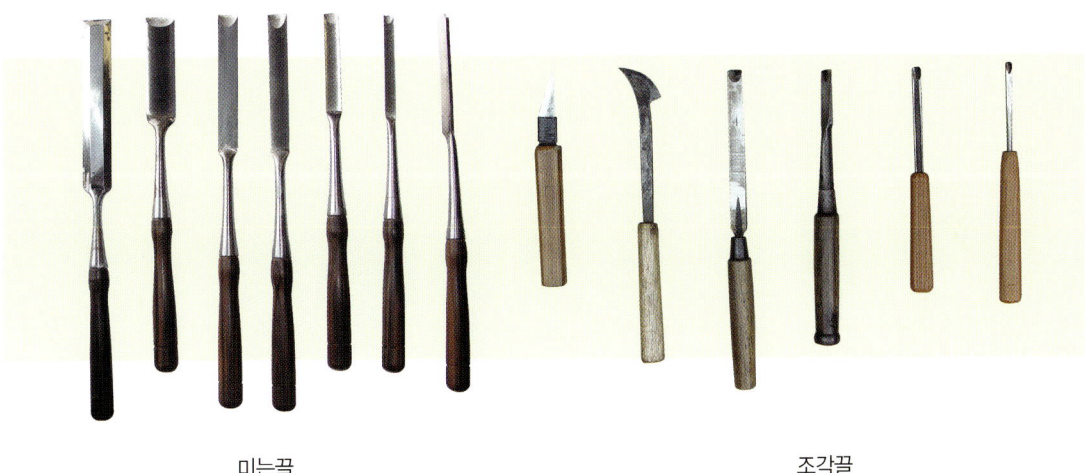

미는끌   조각끌

◎ 끌 구조 및 손질법 ◎

① 끌의 경사면을 숫돌면에 맞추어 앞뒤로 밀며 간다. 이 때 끌의 치수가 작은 것은 숫돌과의 접촉면이 적으므로 대각으로 밀면서 갈아야 한다.

② 거친숫돌로 갈고 난 다음 고운 숫돌로 마무리한다. 끌날이 일직선이 되게 갈아야 하는데, 둥글게 갈린 것은 잘못 간 것이다. 밀때는 한쪽으로 치우침이 없이 숫돌과 날의 접착면에 골고루 힘이 전달되게 한다.

- 끌의 구조

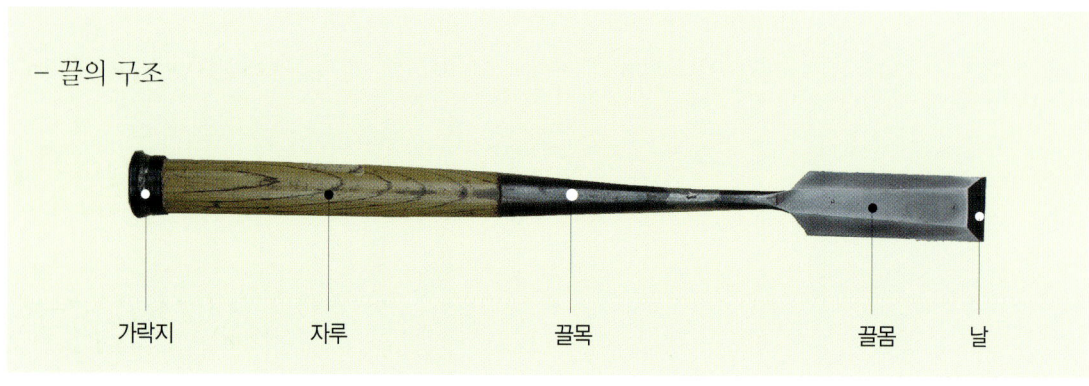

가락지   자루   끌목   끌몸   날

- 손질법

바. 메·망치

목메는 나무로 만든 큰 망치로 목부재 조립시 부재에 손상을 적게 주며 내려 박는 도구이다. 큰 부재의 조립시 여러 사람들이 함께 메를 들어 올려 내리 친다. 다른 공구와 달리 여러 사람의 호흡이 잘 맞아야 한다.

1) 목메(달구)

참나무와 옹이가 박힌 소나무 등 크고 단단한 무거운 재질의 나무로 만든다. 손잡이가 4개 달려 있으며 대량이나 창방 등 큰 부재를 조립할 때 사용한다.

2) 메
단단하고 무거운 나무로 만들어 부재의 조립시 내려치거나 박을 때 사용한다.

3) 쇠망치
못을 박는 데에 쓰는 연장으로 쇠메(해머), 장도리 등이 있다.

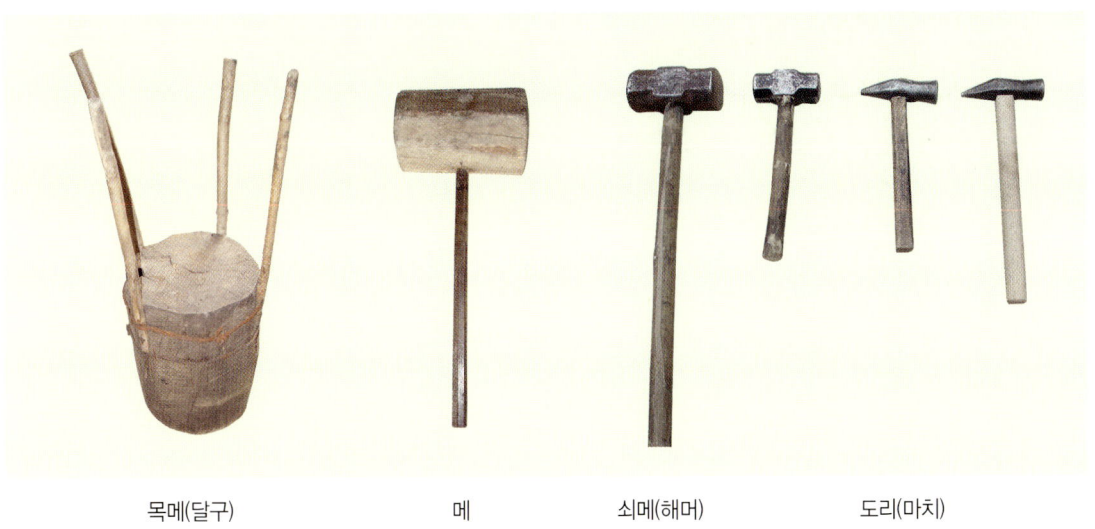

목메(달구)　　　　메　　　　쇠메(해머)　　　　도리(마치)

사. 기타 (연마류, 송곳)

1) 연마류는 쇠붙이를 갈아 평활하게 하거나 나무를 쓸어 매끈하게 하는 것으로 줄, 숫돌, 환, 연마지 등이 있다.

　숫돌은 산지에 따라 이름을 붙이기도 하고, 재질에 따라 거친숫돌(荒砥)·중숫돌(中砥)·마무리숫돌로 구분한다. 그러나 천연숫돌은 재질이 균일하지 않고, 층에 따라 질이 다르며, 채굴에도 한도가 있기 때문에 천연숫돌처럼 능률이 좋은 인조숫돌을 개발하여 사용하게 되었다. 숫돌은 충분히 물을 머금어 더 이상 물을 빨아들이지 않을 때 날갈기를 해야 한다.

　연마지는 사지 또는 사포라고 하는데 종이나 천에 금강사나 석영질의 모래를 부착하였다.
　연마지의 번호가 낮을수록 거칠고 높을수록 부드럽다.

2) 송곳
나무에 작은 구멍을 뚫는데 쓰는 공구로 과거에는 활비비나 못, 정 등을 사용하였으나, 근래에는 전기 드릴을 많이 사용하고 있다.

제 2 장
치 목

1. 가구(架構)의 구성
2. 일고주 오량 초익공가구
3. 주요부재의 치목

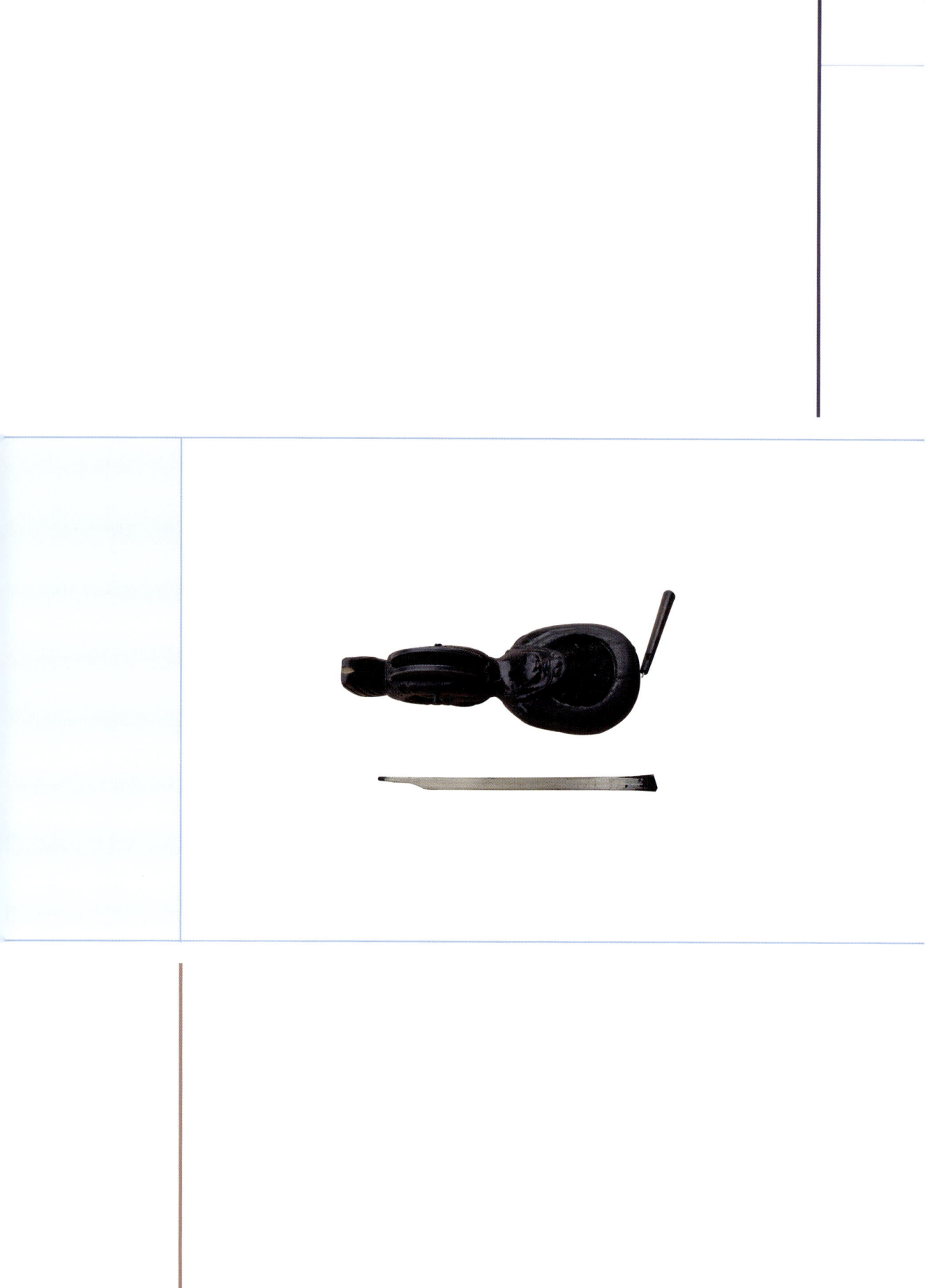

치 목

　목재를 톱으로 자르거나 대패로 깎아내고 끌로 구멍을 파는 등 조립을 할 수 있도록 만드는 전반적인 작업공정을 치목(治木)이라 한다. 치목을 하기 위해서는 나무의 성질을 파악하여 나무가 가진 특성을 최대한 살려 사용할 줄 알아야 한다. 먼저 굽이를 볼 줄 알아야 하는데, 굽이란 휘어서 굽은 상태를 말한다. 이것은 장차 나무가 변형될 성질이나 내구성에 영향을 끼친다. 예를 들어 압축하중을 받는 부재는 아래로 휘기 때문에 굽이가 위로 가게 사용한다. 또한 나무의 상하를 구별하여 치목·조립해야 한다. 목재는 윗부분인 말구와 뿌리 쪽인 벌구로 구분되는데, 집을 지을 때는 반드시 말구가 위로 가게 치목해야 한다.

　　○ 목재의 벌구와 말구 구별법
　　　- 옹이 : 나뭇가지는 위쪽을 향해 자라므로 옹이 중심에서부터 나이테 간격이 촘촘하고 짙은 색을 띠는 부분이 위가 되며 중심차이가 없을 경우에는 검은색 부분이 많은 쪽이 위가 된다.
　　　　　소나무는 한 마디에서 여러 개의 옹이가 생기는데 판재로 켰을 경우 "V"자형 모양이 생기는 곳이 위가 된다.
　　　- 나이테 : 나이테가 좁고 붉은 색을 띠는 부분이 위다.
　　　- 벌구(하)의 굵기가 말구(상)보다 굵다.
　　　- 곧은결 판재의 경우 피죽이 붙은 곳이 위다.
　　　※ 원목의 경우 상하 구분이 어려울 때에는 켜기 전에 상하를 표시하는 것이 좋다.

옹이

나이테 (금방 벌목한 육송은 노란빛을 띤다)

1. 가구(架構)의 구성

목조건물의 뼈대를 이루는 가구(架構)는 여러 부재들의 조립으로 이루어진다.
- 축부재 : 기둥, 창방, 보, 도리, 장여, 마루, 인방, 벽선
- 선부재 : 선자서까래, 연함, 추녀, 사래
- 평부재 : 평서까래, 평고대, 부연, 박공

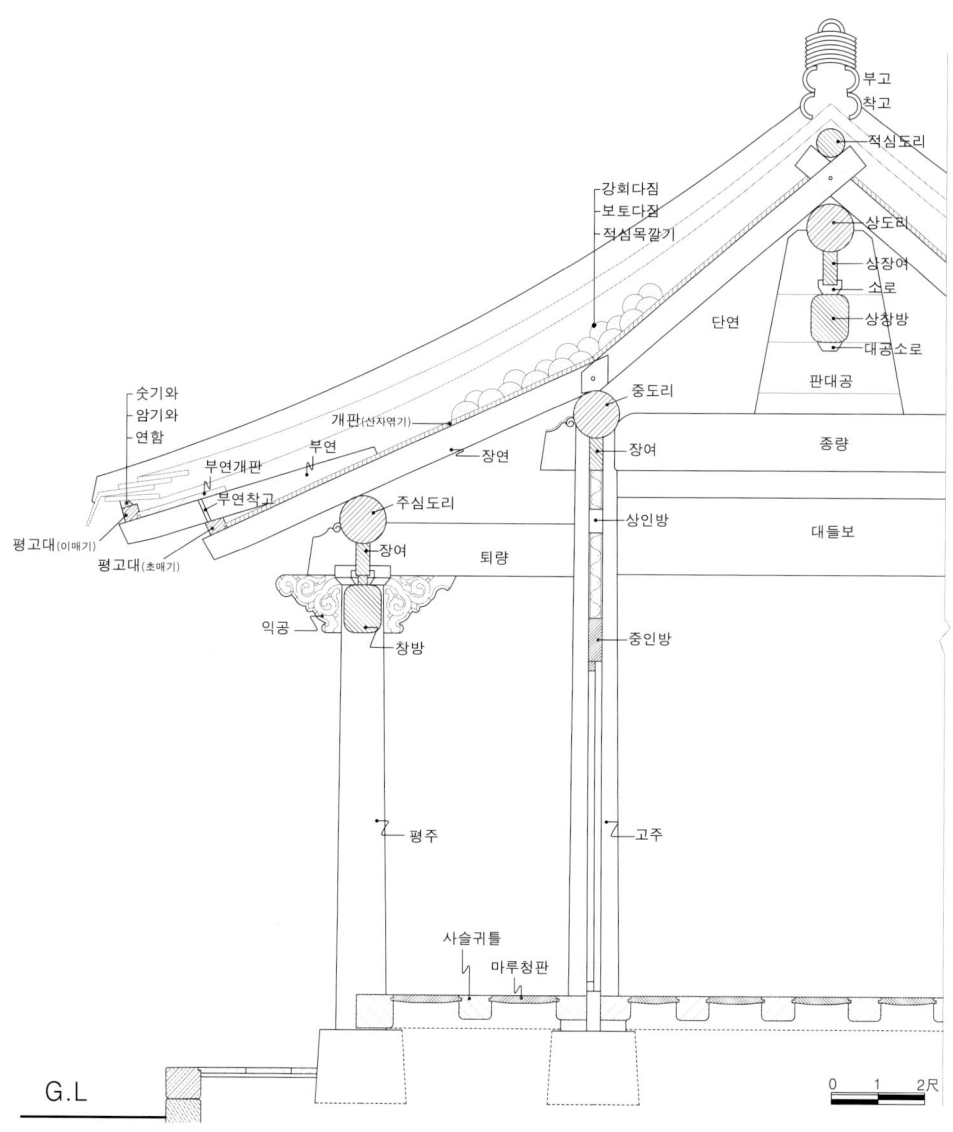

2. 일고주 오량 초익공가구

초가지 하나로 꾸민 익공포작으로 폿집 중에서 가장 단순한 구조이다. 보통 규모가 작은 건물이나 부속건물, 소규모의 건물에 사용하며 소로나 화반, 또는 운공 등으로 장식한다. 익공수가 많은 경우에는 출목이 있으나, 초익공가구에서는 출목이 없다. 귓기둥은 창방 뺄목에 초가지를 새기고 평기둥에 조립하는 익공은 외부는 초가지로 새김하고 내부는 보아지를 조각하여 창방에 직교하게 조립한다.

  ○ 모형 제작의 조건
   - 실제 치수로 치목, 조립하는 것이 여건상 어려우므로 축소 모형을 제작한다.
   - 도면에 명시된 치수는 실제 치수이며 모형의 축척은 1 / 10로 한다. (分단위로 표기)
   - 주요 구조재만 치목·조립한다.
    (수장재는 치수가 작아 1 / 10 축척으로 모형 작업시 표현하기가 어려우므로 생략한다.)
   - 치목 조립은 실제 현장에서 작업하는 방법과 순서에 따른다.

가. 도면

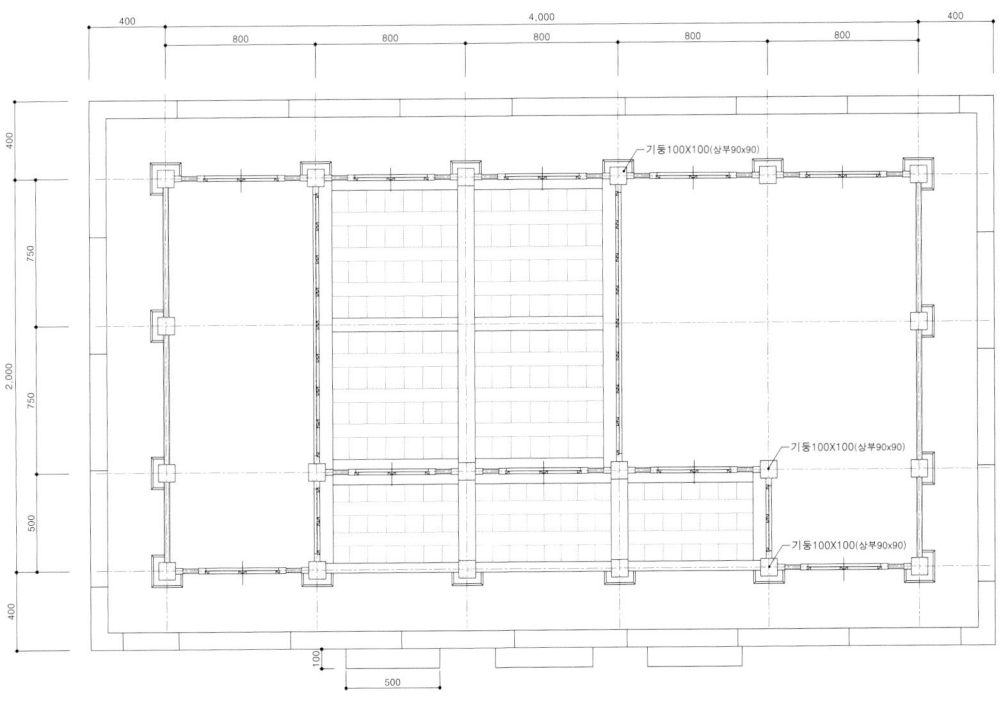

평 면 도

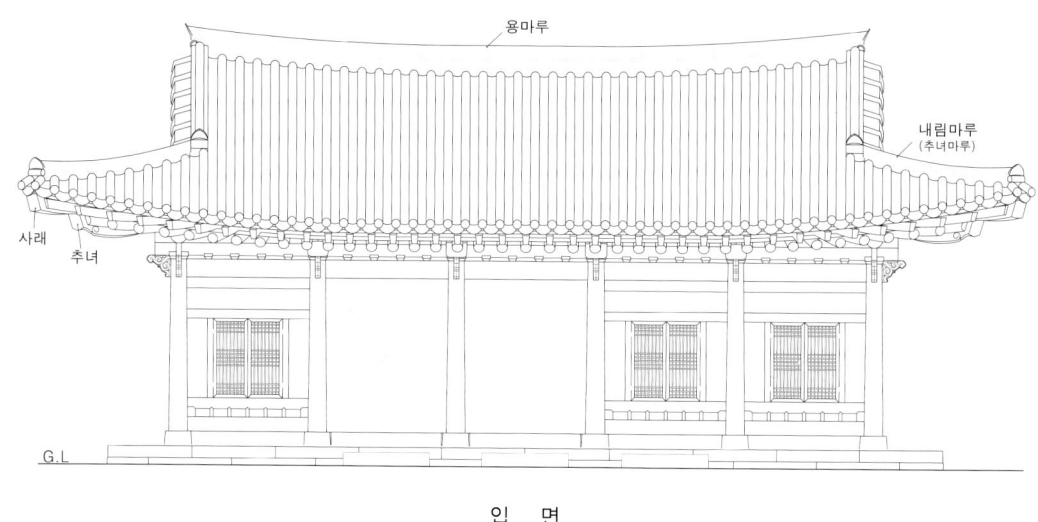

입 면

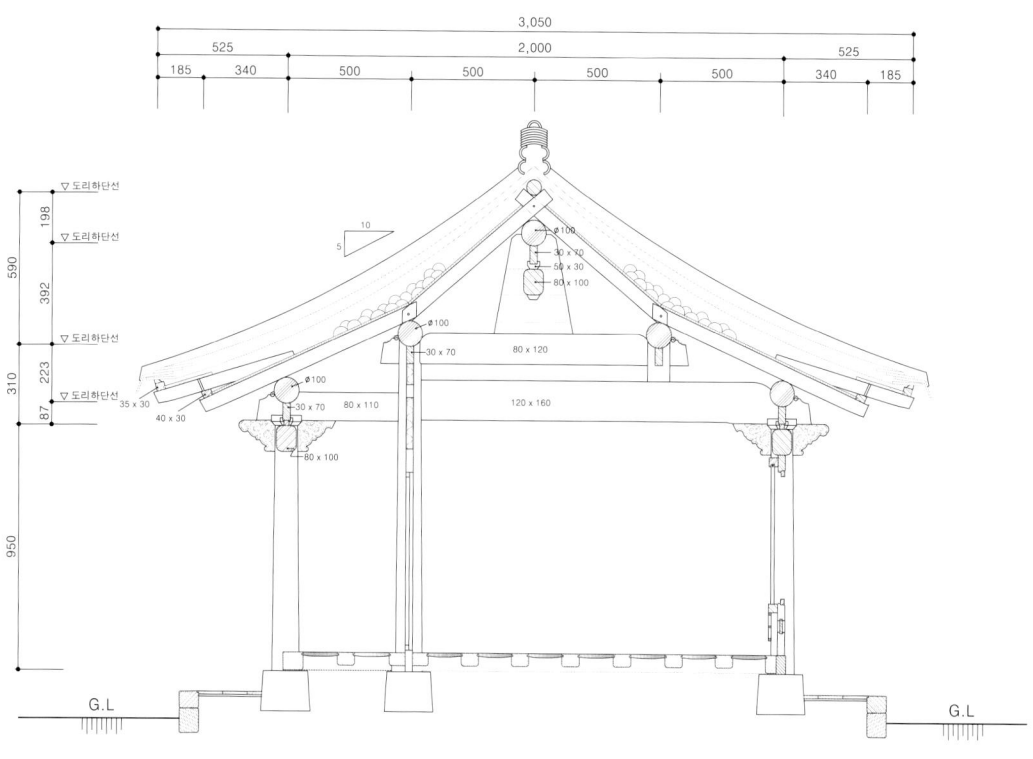

종단면도

나. 주요부내 명칭 및 치수

품 명	규 격 (尺×寸×寸)	수량	품 명	규 격 (尺×寸×寸)	수량
평주	10×10×10	16	단연	6×6.0×6.0	79
고주	14×10×10	4	선자연	15×8.0×8.0	24
주두	1.3×12.0×4.0	16	선자연	14×8.0×8.0	24
소로	0.6×5.0×3.0	80	선자연	12×8.0×8.0	24
주심창방	8×8.0×10.0	6	갈모산방	5×3.5×10.0	8
주심창방	7.5×8.0×10.0	2	이매기	60×3.0×3.5	2
귀창방	10×8.0×12.0	4	이매기	40×3.0×3.5	2
귀창방	9×8.0×12.0	2	부연	6.0×3.0×5.0	76
귀창방	7×8.0×12.0	2	고대부연	0.7×3.0×5.0	72
상창방	8×8.0×10.0	3	장연개판	9.5×1.0×10.0	72
상창방	7×8.0×10.0	2	단연개판	5.5×1.0×10.0	59
주심장여	8.2×3.0×7.0	6	선자개판	7.5×1.0×10.0	72
주심장여	7.7×3.0×7.0	2	부연개판	3×1.0×10.0	72
주심귀장여	9.7×3.0×7.0	4	고대부연개판	3.5×1.0×10.0	72
주심귀장여	9.2×3.0×7.0	2	집부사	16×8.0×8.0	4
주심귀장여	7.2×3.0×7.0	2	합각연목	15×8.0×8.0	8
중장여	8.2×3.0×7.0	2	박공	1.2×2.0×18.0	4
중장여	12.2×3.0×7.0	4	목기연	4×3.0×4.0	42
중장여	13.2×3.0×7.0	2	목기연개판	12×1.2×11.0	4
상장여	8.2×3.0×7.0	3	풍판	6×1.5×10.0	30
상장여	7×3.0×7.0	2	풍판띠장	15×3.0×5.0	2
퇴량	6.5×8.0×11.0	4	풍판띠장	10×3.0×5.0	2
대량	16.5×12.0×16.0	4	풍판쫄대	6×2×3	30
종량	12.5×8.0×12.0	4	연함	60×3.0×3.5	2
주심도리	8.2×10.0×10.0	6	연함	40×3.0×3.5	2
주심도리	7.7×10.0×10.0	2	하방	8×3.0×10.0	10
귀주심도리	6.7×10.0×10.0	2	하방	7.5×3.0×10.0	4
귀주심도리	9.2×10.0×10.0	2	하방	5×3.0×10.0	2
귀주심도리	9.7×10.0×10.0	4	하방	15×3.0×10.0	2
중도리	8.2×10.0×10.0	2	중방	8×3.0×7.0	10
중도리	12.2×10.0×10.0	4	중방	7.5×3.0×7.0	4
중도리	13.2×10.0×10.0	2	중방	5×3.0×7.0	2
상도리	8.2×10.0×10.0	3	중방	15×3.0×7.0	2
상도리	7×10.0×10.0	2	문선	6×3×5	34
동자주	1.9×9.0×9.0	8	문선	7×3×5	4
판대공	3.2×3.5×40.0	4	장귀틀	15×8.0×10.0	3
초매기	50×3.0×4.0	2	동귀틀	5×8.0×10.0	2
초매기	30×3.0×4.0	2	동귀틀	5×8.0×9.0	2
추녀	16×8.0×20.0	4	사슬귀틀	8×6.0×8.0	30
사래	12×8.0×17.0	4	마루판	6×2.0×10.0	116
장여	9.5×6.0×6.0	76	머름 및 반자 (수장재) 제외		

3. 주요부재의 치목

치목의 기본은 먹매김이다. 먹칼이나 먹줄을 이용하여 먹매김을 한 후 바심질을 하는데 이 때 헐겁게 조립하여야 할 경우는 먹선까지 깎고(먹선죽이기) 빡빡하게 조립 할 경우는 먹선이 보이게 깎는다.(먹선살리기)

바심질이 완료되면 대패질을 하는데 이때 나무의 결을 찾아서 작업해야 한다.

(방법)
- 무절인 부재는 순결로 밀되 나무거죽(널거죽)은 위에서 밑둥 쪽으로, 나무 안쪽은 밑둥에서 위쪽으로 민다.
- 생옹이가 있을 때는 순옹이결로 밀되 나무거죽은 밑둥에서 위쪽으로, 나무 안은 위에서 밑둥쪽으로 민다.
- 순결과 엇결의 구분이 명확하지 않은 것은 손으로 가만히 쓸어보아 거스름이 눕는 쪽으로 민다.

가. 기둥
  ○ 치목 기법상의 분류 : 민흘림, 배흘림
  ○ 형태상의 분류 : 원기둥, 네모기둥, 다각형기둥

1) 사각으로 제재한 재목을 모탕 위에 놓고 고정시킨 뒤 양쪽 마구리 단면을 자르고, 다듬는다.
2) 마구리 부분에 다림추를 내려 중심선을 긋는다.
3) 사면 중 가장 평활한 면을 기준면으로 하여 기준 각에 맞춰 4면을 평활하게 대패질한다.
4) 양쪽 마구리 중심 먹에서 계획한 기둥 치수에 따라 사각으로 먹을 그린다.
   (상부에 흘림이 있을 경우에는 상부치수를 줄여 작도한다.)
5) 상·하 마구리면을 기준하여 길이방향으로 먹선을 치고 4면을 대패질한다
6) 기둥 상·하부 마구리와 입면에 창방과 익공, 수장을 조립할 수 있도록 먹선을 긋는다.
   (수치는 기둥의 높이, 굵기 등에 따라 다르다.)
7) 기둥 상부 단면에 창방 주먹장을 작도할 때는 익공이 조립되는 부분을 제외한 기둥 단면적의 1/3정도가 되도록 그린다.(p59 하단 사진 참조)
8) 기둥상부 마구리에 익공이 조립되는 부분은 곧은장으로 먹선을 그리고 창방이 조립되는 부분은 주먹장으로 그린다.

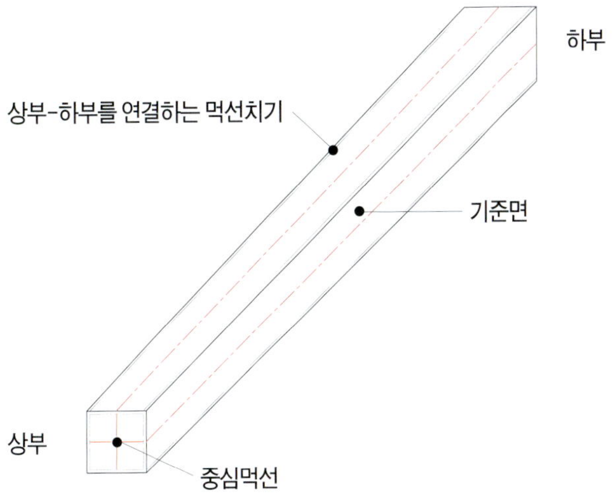

기 둥

평주먹선치기

마구리 먹선긋기

9) 먹선에 따라 톱질한 후 끌로 파내고 다듬는다. (이 때, 먹선을 살려서 따낸다.)
10) 수장재(하방, 상방, 중방)를 끼울 부분은 쌍장부 홈을 그려 파낸다.

기둥 치목(익공, 창방 조립부)

수장홈 끌로 파내기

※ 각기둥은 조립 전에 치목해야 한다. 목재의 뒤틀림 때문에 치목 후 건조시 목재가 틀어져서 다른 부재와의 결구가 어렵고 미관상 좋지 못하기 때문이다. 그러나 원기둥의 경우는 뒤틀림이 있어도 다른 부재와의 결구에는 큰 무리가 없어 미리 치목해 두는 경우가 있다.

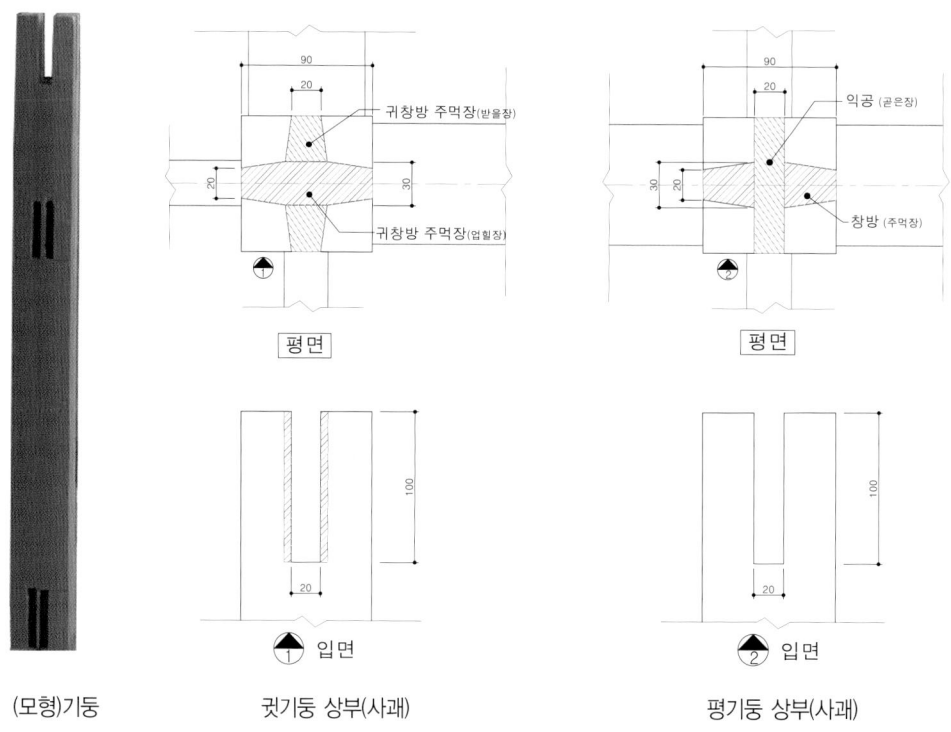

(모형)기둥   귓기둥 상부(사괘)   평기둥 상부(사괘)

나. 창방

창방은 건물 외측 기둥과 기둥을 연결하는 부재이다. 창방 단면은 장방형과 타원형의 중간형태로 폭은 가구의 구조에 따라 다르나 익공집의 경우 보통 기둥 상부 폭과 같거나 작게 한다.

1) 장방형의 부재는 굽이를 본 후 휜 부분이 위로 가게 한다.
2) 각재의 양쪽 마구리에서 다림을 보아 중심 먹을 긋고 치수에 맞게 자른다.
3) 기둥과 창방의 결구는 주먹장맞춤으로 창방에 주먹장을 그려 따내는데 주먹장 목이 너무 가늘면 힘을 받지 못한다.(창방의 주먹장은 기둥 주먹장 보다 목을 2, 3푼 크게(불림) 해야만 기둥에 조립할 때 빡빡하고 견고하게 조립할 수 있다.)
4) 창방의 윗면과 밑면 중심선을 기준하여 양 옆으로 수장폭에 해당하는 치수로 먹선을 친다. 수장 폭을 제외한 부분을 대패로 둥글게 굴려 깎는다. (반깎기)

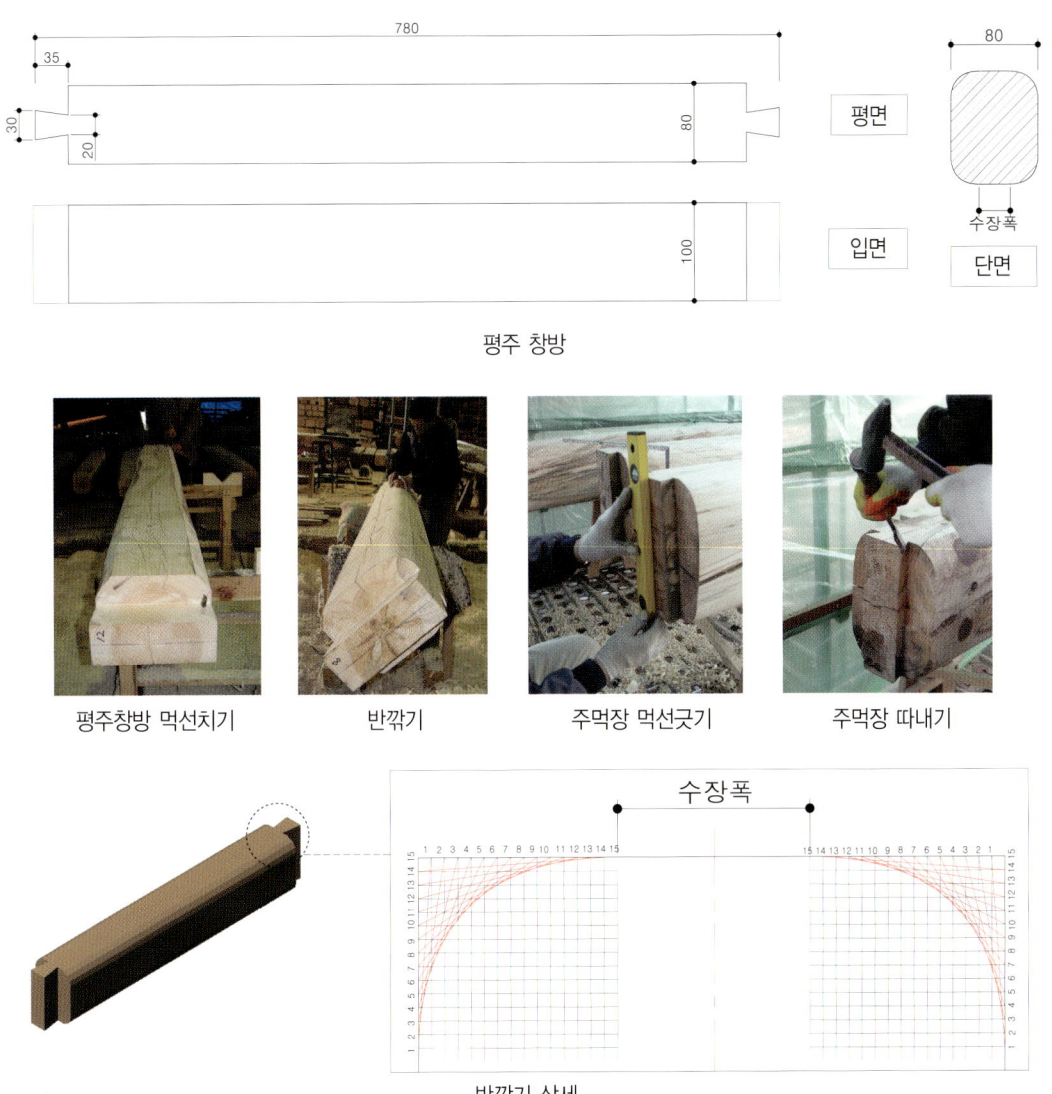

평주 창방

평주창방 먹선치기 · 반깎기 · 주먹장 먹선긋기 · 주먹장 따내기

반깎기 상세

(귀창방)

  귀창방은 창방의 뺄목을 익공 형태로 조각하는 것으로 일반 창방의 높이 보다 주두 굽 높이만큼 더 높게 한다. 귀창방은 뺄목에 초를 새기고 귓기둥 위에서 교차할 수 있도록 반턱맞춤으로 따낸다.

1) 평주창방과 동일하게 치목한다.
2) 창방뺄목 길이는 조각에 따라 조금씩 다르다. 조각이 없을 경우에는 도리 뺄목과 동일하게 한다.
3) 창방 뺄목에는 조각 문양을 도안 작성하여 뺄목에 옮겨 그린 다음 끌로 새긴다.
4) 기둥에서 교차하는 창방 뺄목은 반턱맞춤으로 하고 평주에 조립되는 부분은 주먹장으로 먹선

그려 따낸다.

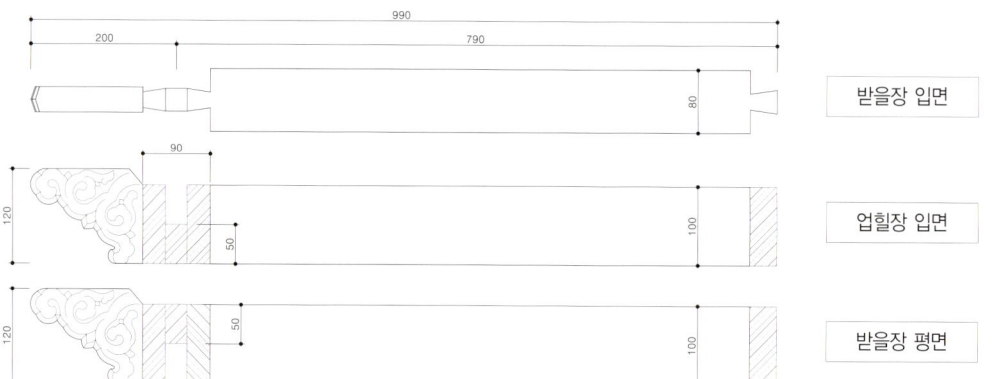

귀창방 (퇴칸에 따라 전체 길이는 달라짐)

귀창방 먹선치기

뺄목 먹선긋기　　　　　　　　　　　자귀로 깎기

귀창방

귓기둥 맞춤부 상세
(반턱맞춤 따내기 전)

평주에 조립될 창방 주먹장

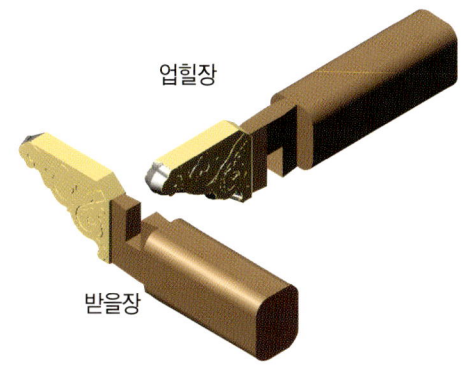
귀창방 조립 전

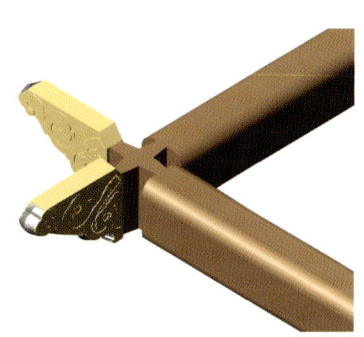
귀창방 조립 후

다. 장여

장여는 창방 위에 조립하며, 도리를 받치는 부재이다. 장여와 장여는 주두 위에서 주먹장 맞춤으로 연결한다.

1) 장방형 단면으로 제재한 재목을 주간 길이 보다 약간 여유있게 잘라 대패질한다.
2) 장여간 이음은 제혀 주먹장이나 주먹장이음을 하는데, 장여와 장여를 맞댄 후 기둥 중심선에서 보의 숭어턱 폭 만큼 (각 장여 끝선에서 숭어턱 폭의 1/2 만큼 들어가서) 선을 그어 톱으로 따낸다.
3) 굴도리집의 장여는 도리를 얹을 수 있도록 장여 윗면을 도리 곡률에 맞춰 배대패로 깎아낸다. (납도리 경우는 납도리 밑면과 장여의 윗면이 밀착되도록 평탄하게 깎는다.)

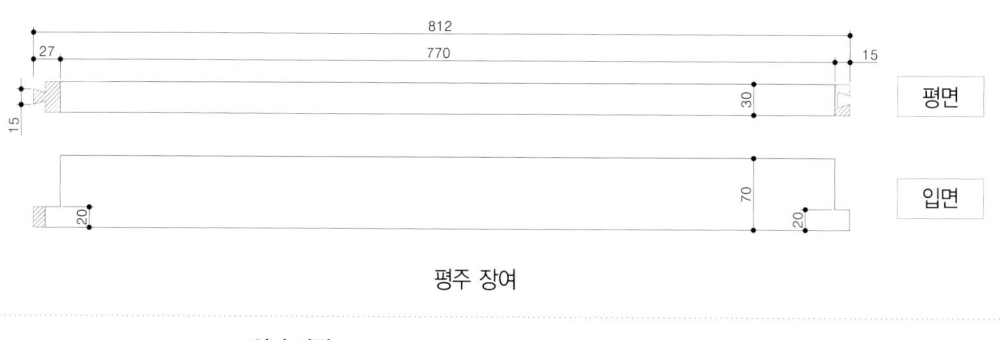

평주 장여

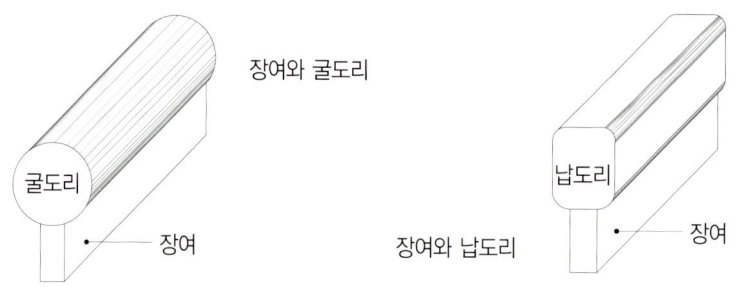

장여 이음 (제혀 반턱 이음)

장여와 굴도리

장여와 납도리

(귀장여)

귀장여 뺄목길이는 도리 뺄목(기둥 중심에서 도리높이의 1.5배)과 같게 하고 귓기둥 중심에서 반턱(받을장, 업힐장)으로 따낸다.

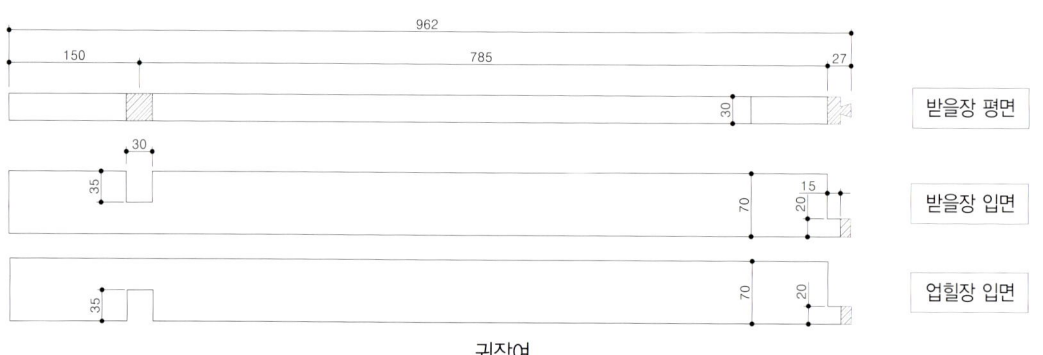

귀장여

귀장여 먹선 긋기

장여 상부 굴림 대패질

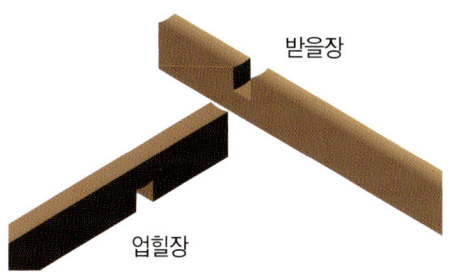
귀장여 조립 전

귀장여 조립 후

라. 보

지붕의 하중을 받아 기둥에 전달하는 부재로 도리와 장여에 직교하는 방향으로 조립한다. 보의 숭어턱과 뺄목(보머리)의 조각은 가구의 형태 및 양식, 위치에 따라 다르다.

- ○ 위치에 따른 분류 : 툇보, 충량(측보), 우미량, 맞보, 귓보, 대들보, 종보
- ○ 결구부재에 따른 맞춤 : 기둥 또는 동자주 (곧은장) / 주두 또는 재주두 (통물림)

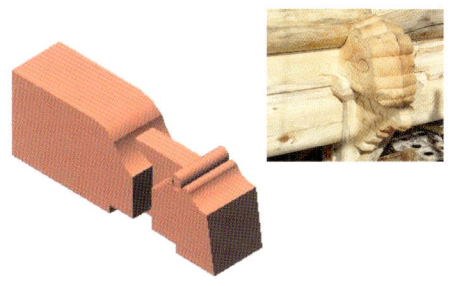
주두 또는 재주두 위에 조립하는 보의 치목

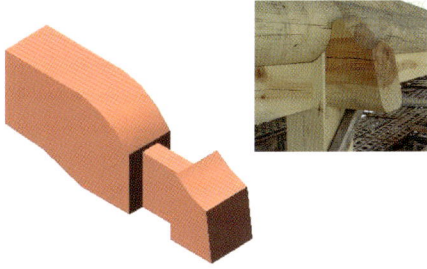
기둥 또는 동자주에 조립하는 보의 치목

○ 뺄목의 조각 : 초새김, 게눈각, 삼분두형

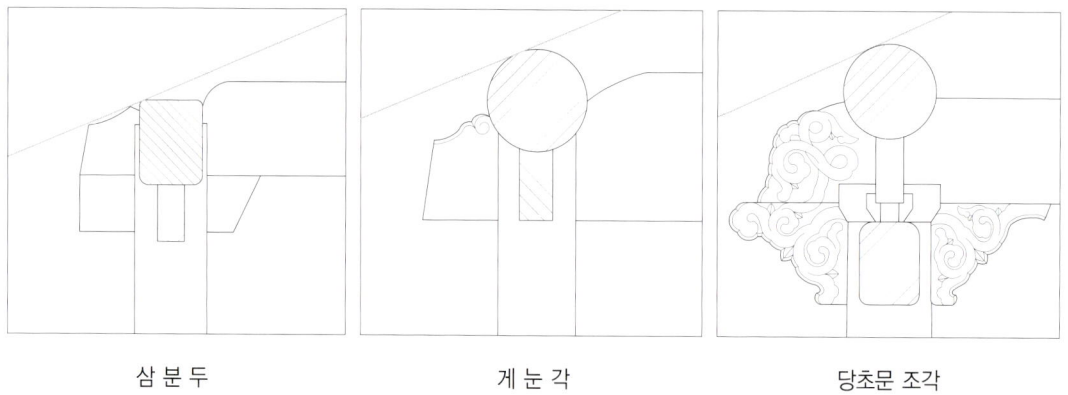

　　　　삼 분 두　　　　　　　　　게 눈 각　　　　　　　　당초문 조각

1) 사각으로 제재한 재목을 설계 치수에 맞게 대패질 한 다음 굽이를 살펴 중심먹을 친다.
   보의 길이는 주칸(퇴칸)길이에 보 뺄목을 더한 치수이다.
   부재의 4면에 먹선을 치는데, 보의 상·하부에는 중심 먹선을 치고 좌우 측면에는 장여 높이에 해당하는 기준 먹선을 친다.
2) 보머리에는 길이 방향 중심선과 기준선에 직교하게 중심선(기둥 중심과 일치하는 선)을 그린다. 이 선을 기준하여 상부에는 보목 가공선을 그리는데 장여와 도리를 조립할 수 있도록 한다. 하부는 주두 위에 조립되므로 주두 치수대로 먹선을 긋는다. (퇴량, 측량, 대들보)
3) 먹선에 따라 먼저 톱으로 홈을 내고 도끼나 자귀로 깎아 낸다. 숭어턱 만을 남기고 굴도리와 장여, 주두가 조립될 부분을 따낸 다음 끌로 다듬는다.

　　　대량 먹선긋기　　　　　　　　　　　　보뺄목 먹선 긋기

도끼로 겉목치기 · 톱넣기

자귀나 도끼로 깎기

통물림 맞춤(대량, 퇴량, 측량-주두위 조립) · 곧은장(종량-기둥, 동자주위 조립)

4) 보 머리조각은 도안을 떠서 사용하는데 보 빼목 부위에 도안을 대고 먹칼 등으로 그린다. (게눈각 조각)
5) 빼목은 먹선을 따라 조각끌을 이용하여 새긴다.

빼목 조각 및 소매걷이 대패질

6) 보의 윗면은 평활하게 하고 밑면은 보의 중앙부가 시각적으로 처져 보이는 것을 교정해 주기 위해 곱 대패로 살짝 굴려 마무리 한다.

상부   종량 하부 (배훑이, 바데떼기)

(주두 위에 조립하는 퇴량, 측량)

1) 퇴량과 측량은 고주에 산지로 결구하는데 고주에 꽂히는 부분은 곧은장으로 먹선 그어 톱으로 따낸다.
2) 대들보에 조립하는 측량은 내림주먹장으로 따내어 조립한다.

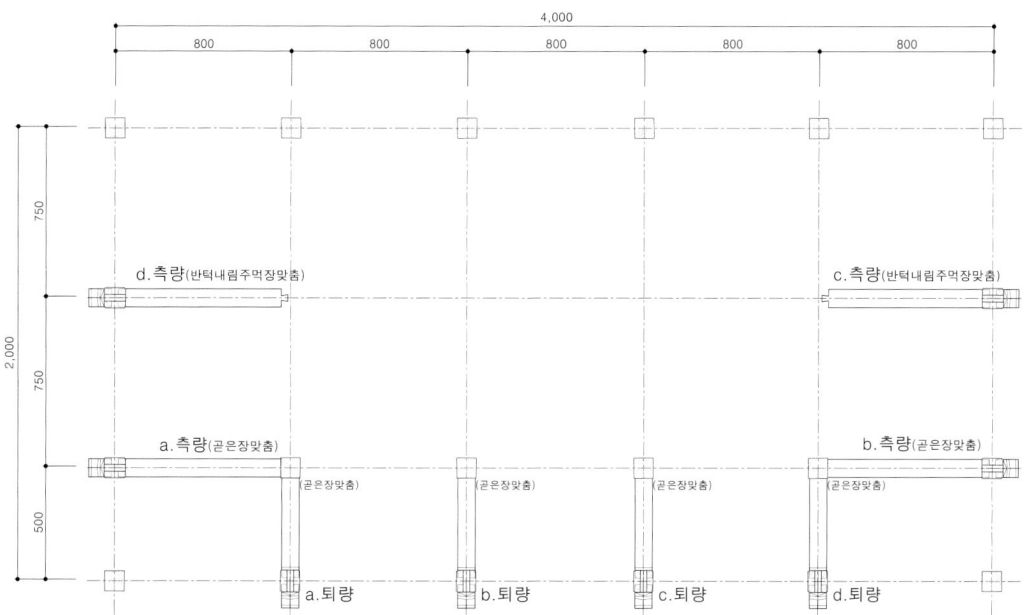

퇴량, 측량 조립 평면도

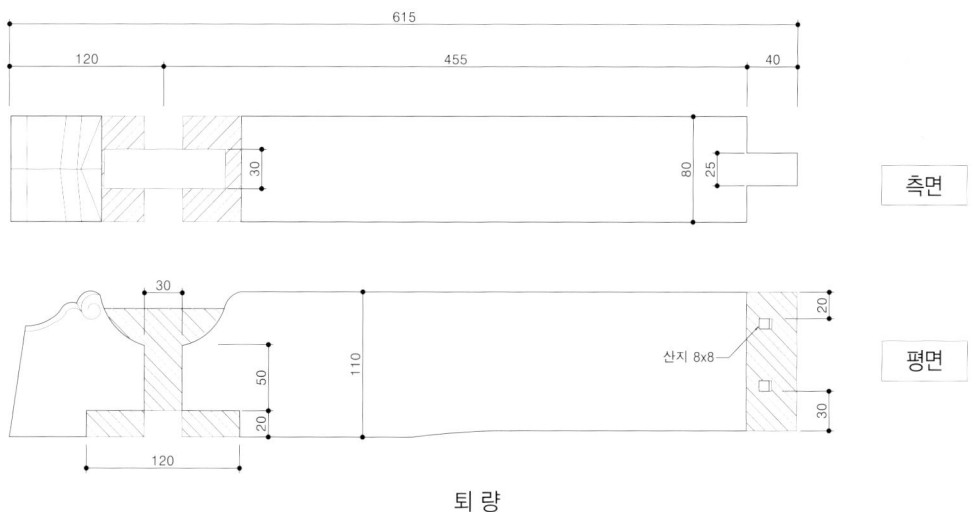

퇴량

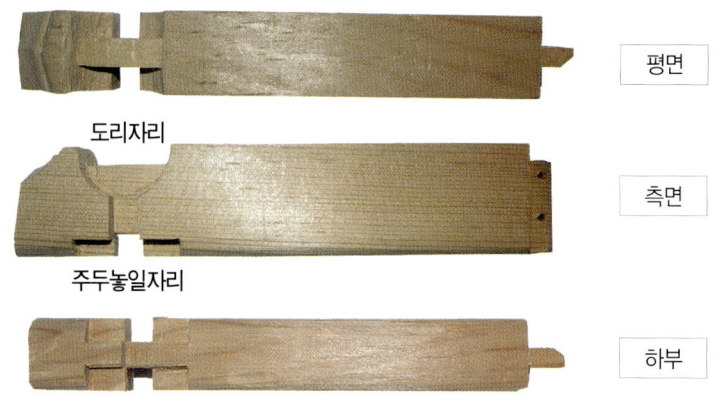

도리자리

주두놓일자리

평면

측면

하부

(모형)귓고주에 꽂히는 퇴량

평고주에 꽂히는 촉은 고주 중심 가까이 길이를 두고 귓고주에 꽂히는 촉은 퇴량과 측량이 서로 만나므로 연귀로 따낸다.

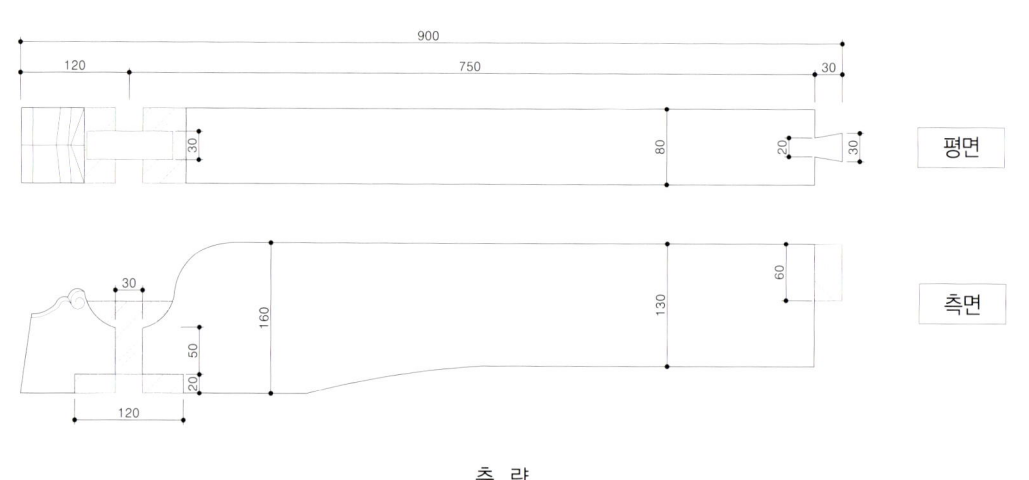

측 량

평면

측면

하부

(모형)측량

(대들보)
1) 대들보도 고주에 꽂히는 부분은 퇴량과 동일하게 맞춤 부위를 따낸다.
2) 조립 평면도에서 a, d 대들보는 측량이 놓일 수 있도록 중심에 반턱 주먹장으로 따낸다.
3) 대들보 상부 동자주가 놓이는 자리에는 동자주가 움직이지 않도록 5푼정도의 깊이로 홈을 파낸다.

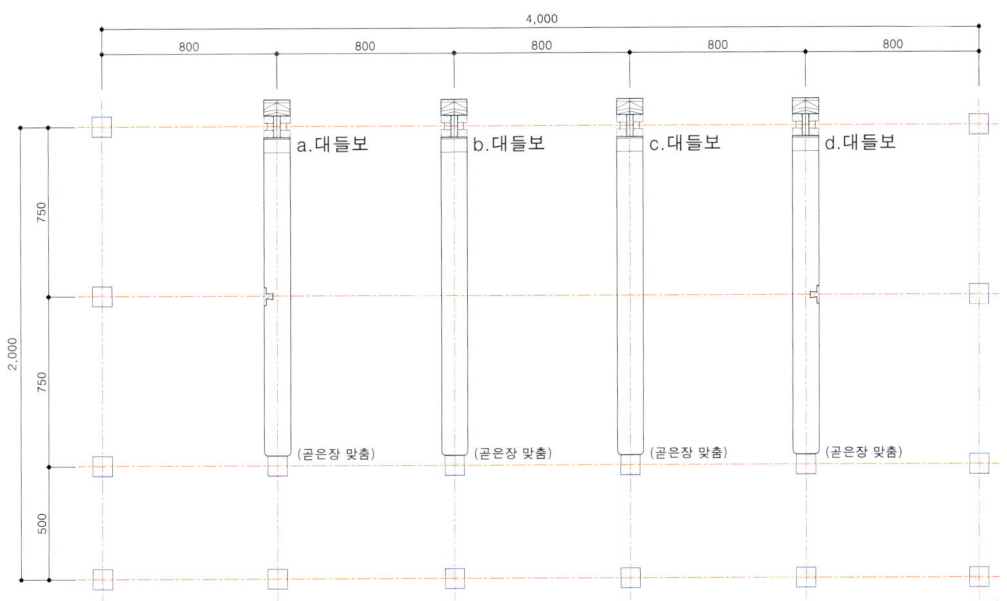

대들보 조립 평면도

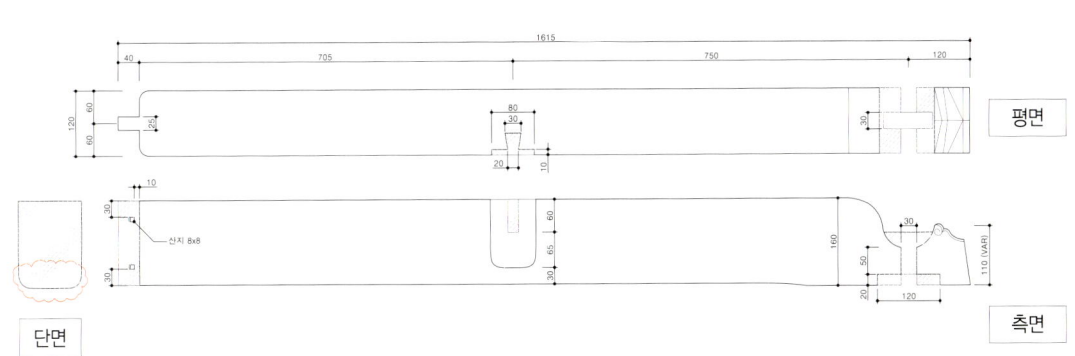

(종량)

1) 종량은 고주와 동자주의 사괘에 조립되므로 양쪽을 곧은장으로 따낸다.
2) 종량 위에는 판대공을 조립할 수 있도록 은못 홈을 끌로 판다.

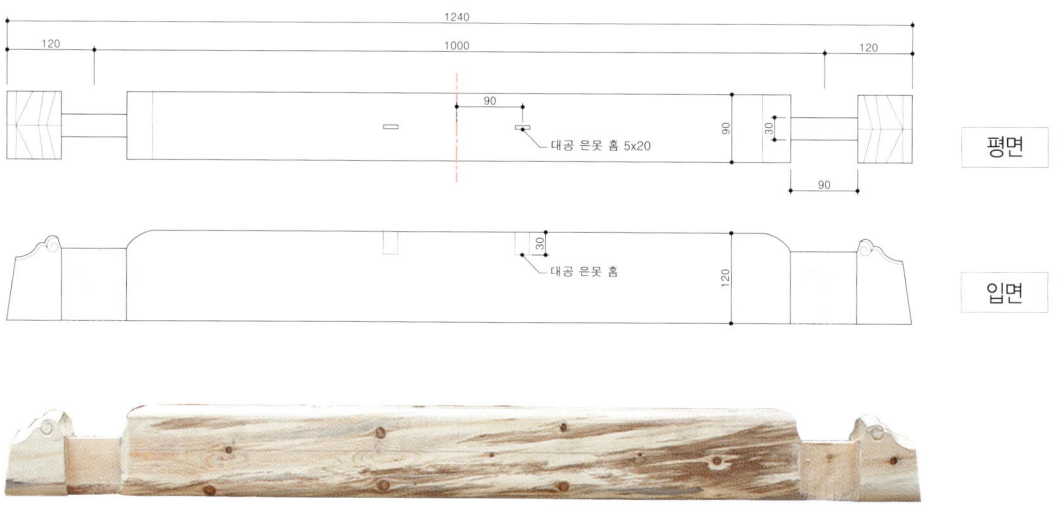

종량

마. 도리

창방이나, 장여와 동일한 방향에 놓이는 부재로 보와 직각을 이루며 상부의 서까래를 받는다. 기둥 위에 놓이는 도리를 주심도리, 기둥 바깥으로 내밀어진 도리는 출목도리, 종보 위 대공에 조립하는 도리를 종도리라 한다. 주심도리 종도리 사이에 여러 도리가 있을 때에는 내목도리, 하중, 중, 상중 도리로 구분하여 부른다.

또한 도리의 배치 수에 따라 지붕가구를 구분하는데 도리가 3개로 이루어진 가구를 3량가(三樑家)라 하며, 오량(五樑), 칠량(七樑), 구량(九樑), 평사량(平四樑) 등으로 구분한다.

○ 도리 형태
    굴도리 – 둥근 도리로 반가나 격식이 있는 건물에 주로 사용했다.
    납도리 – 일반주택에 주로 사용하는 장방형 도리로 하부 중심에서 수장폭을 제외한 부분만 반깎기를 하는데 반깎기를 하지 않은 것도 많다.

1) 부재를 모탕위에 놓은 뒤 양쪽 마구리 단면을 자르고 다듬는다.
2) 양쪽 마구리에 중심먹을 그린다.
3) 양쪽 마구리에 도리 지름에 해당하는 치수로 정사각형을 그린다.
   몸통에도 먹선을 친다. (상, 하 마구리 먹선을 서로 연결한다)
4) 정사각형으로 그린 다음 8각으로 다시 마구리에 먹선을 그린 후 몸통에도 먹선을 친다.
5) 자귀나 도끼를 이용하여 모서리를 깎는다.
6) 16각, 32각이 되도록 위 작업을 반복하며 모서리는 대패로 깎아낸다.
7) 32각으로 깎은 후 양쪽 마구리에 도리 지름에 해당하는 원을 그린다.
8) 원형으로 대패질이 끝나고 나면 부재의 손상여부나 흠, 굽이 등을 살펴 상·하로 구분하고 다림추를 놓아 다시 중심선을 확인한다.
9) 표면이 매끄러운 곡면이 되도록 대패질하여 마무리 한다.

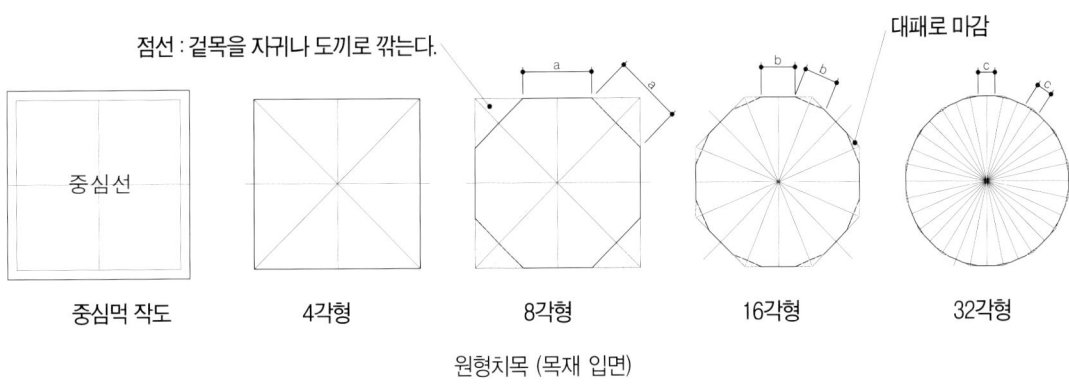

원형치목 (목재 입면)

중심 먹선치기   마구리 먹선긋기(16각)   다림 보기   마무리 대패질

(평주 도리)

1) 원형으로 치목된 굴도리는 보 위에 놓이므로, 보의 숭어턱에 해당하는 치수 만큼 도리를 따낸다.
2) 보를 중심으로 도리 간 이음은 나비장으로 한다. 마주보는 도리의 끝부분에 각각 주먹장을 그려 홈을 파낸 다음 나비장을 박는다.

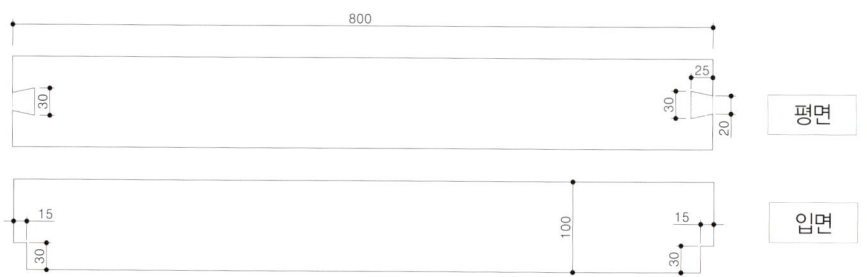

(도리 뺄목 - 왕지)

뺄목은 반턱으로 따내고 평주에 조립되는 부분은 숭어턱 폭에 맞춰 먹선 그어 따낸다.

도리 간 이음 (반턱 맞춤, 주먹장 가공)

왕지도리 치목

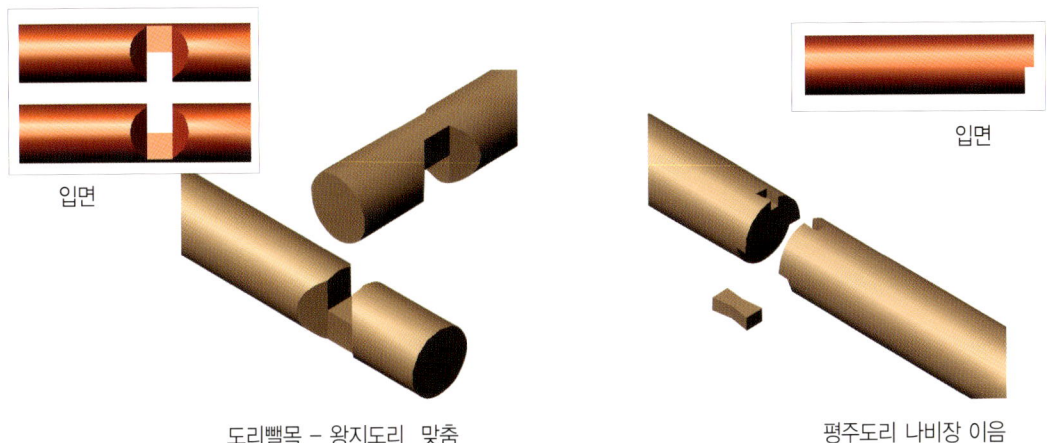

입면

도리뺄목 – 왕지도리 맞춤

입면

평주도리 나비장 이음

바. 대공

종보나 대들보 위에서 종도리를 받치는 부재로 도리에 실리는 하중을 보에 전달한다. 대공의 형태는 지붕가구나 양식에 따라 다양하다. 구조재로서의 역할 뿐만 아니라 장식적인 기능도 함께 하는 대공으로는 파련대공, 포대공, 솟을 대공 등이 있다. 보통 민가에서는 판대공이나, 키대공, 동자대공 등을 주로 사용한다. 가장 일반적으로 사용되는 판대공의 경우 대공의 폭은 수장폭과 같게 하는데, 높이는 지붕 물매에 따라 달리 한다.

1) 대공은 폭이 넓은 단일 부재를 사용할 경우 건조에 따른 비틀림이나 휘어짐이 심하게 나타나므로 높이를 적당히 등분한 뒤 은못 이음하여 사용한다.
2) 대패질한 부재를 대공 높이만큼 이어 붙여 놓고 나뭇결 방향에 직교하게 대공 상하부를 연결하는 중심먹을 친다.
3) 중심선을 기준으로 도리, 장여, 소로, 창방을 조립할 부분에 그림과 같이 주먹장 치수와 따내야 할 소로 모양을 그린다.

| 대공 상부 먹선 긋기 | 주먹장 따내기 |

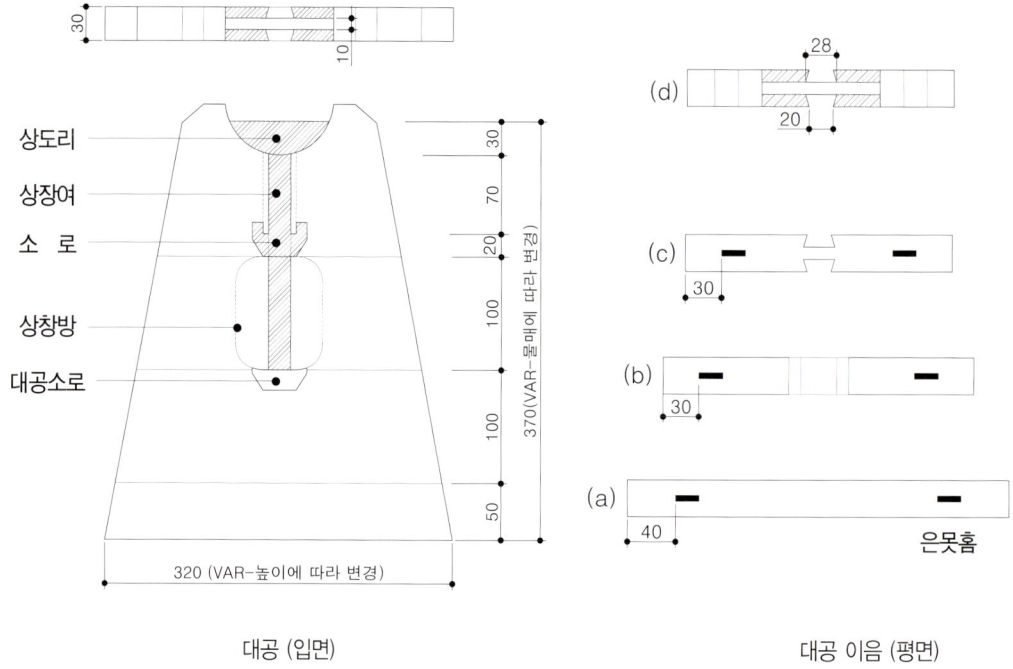

대공 (입면)   대공 이음 (평면)

4) 소로, 창방, 장여, 도리 등의 다른 부재를 대공에 조립할 수 있도록 홈을 판다. 창방과 장여는 주먹장, 도리는 반원과 숭어턱으로 가공, 소로는 소로 치수대로 끌을 이용하여 따낸다. 대공소로는 통따넣기 한다.

5) 4부재로 등분한 대공은 은못으로 이음하는데, 가로2치 × 폭5푼 × 깊이2치5푼으로 대공이 이어지는 부분에 (a)대공상부 + (b)대공하부 홈을 파고 은못을 박아 연결한다. (d)까지 동일한 방법으로 잇는다.

6) 대공 상부(어깨)는 서까래가 걸리지 않도록 경사지게 자른다.

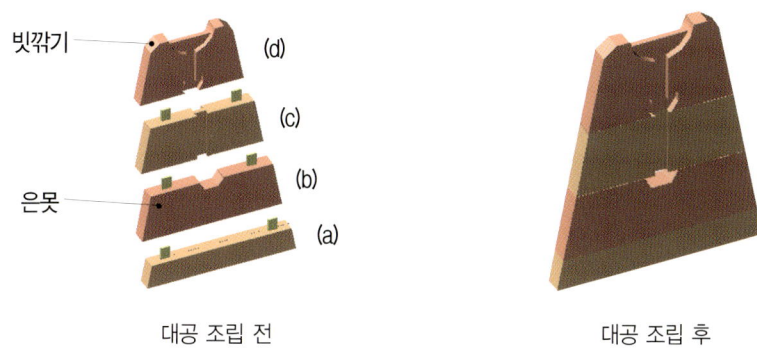

빗깎기
은못

대공 조립 전   대공 조립 후

사. 추녀

팔작지붕에서 처마허리(앙곡)와, 안허리를 결정하여 지붕의 형태를 잡는 것이 추녀이다. 추녀는 주심도리와 중도리 위에 경사지게 놓여 지붕 모서리를 구성한다. 주심도리 중심에서 추녀 끝까지의 거리 즉, 추녀의 외목은 집의 규모나 형태, 양식에 따라 다르다. 홑처마집의 추녀는 겹처마집보다 길게 나온다. 겹처마집에는 사래가 조립되기 때문이다. 또한 주심포와 다포집, 익공집에서도 차이가 있는데 보통 다포집에서 뺄목의 길이가 길다.

외목은 {(전면 중심의 서까래 외목내밀기 $+\propto^1$) $\times$ $\sqrt{2}$)} +평고대 폭 + $\propto^2$

※ 여기서 $\propto^1$, $\propto^2$ 는 집의 규모와 양식에 따라 변하는 치수이다. 또한 추녀감의 휜 상태에 따라 추녀 곡도 변한다.

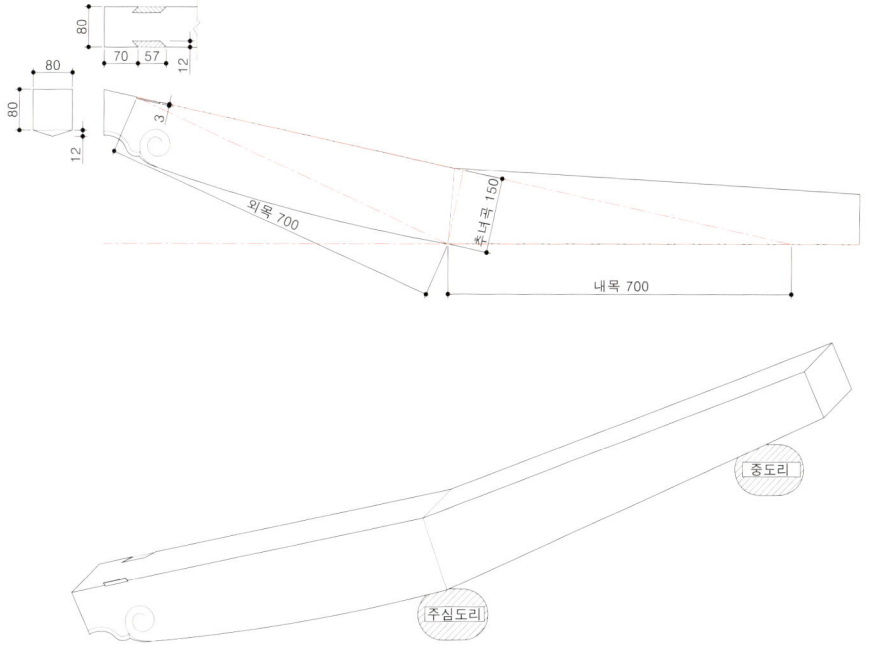

1) 추녀는 곡재를 사용해야 한다. (폭과 넓이는 건물 크기에 따라 다르다.)
2) 길이 방향의 양면을 도끼나 자귀로 치수에 맞춰 깎고 1차 대패질한다.
3) 연목의 외목 길이가 결정되면 추녀의 외목(내밀기)을 정한다. 내목은 중도리 왕지에 조립되는데 내목의 길이는 중도리 중심선에서 1자 이상 여유가 있어야 한다.
4) 추녀의 외목 가준점과 내목 기준점을 연결하는 먹선을 친다.
5) 합판으로 만든 현촌도를 추녀 외목의 한 면에 대고 그린다.
   현촌도는 4개의 추녀감 중 가장 곡이 낮은 것을 기준하여 추녀 현촌도(本)를 만든다. 현촌도는 4개의 추녀를 동일한 모양으로 치목하기 위한 것이다.
6) 선에 맞춰 직각으로 마구리를 절단한 후 이를 기준으로 다른 한 면에도 현촌도를 대고 그린다.
7) 추녀 외목 밑면은 약간 둥글게 깎아 주고 끝부분에는 게눈각을 새긴다.
8) 내목의 밑면은 평평하게 깎아준다.
9) 추녀의 외목 끝부분에는 평고대를 조립하는데 평고대가 앉을 자리는 평고대가 밀리지 않을 정도로 얕게(3分정도) 따낸다.
10) 마지막으로 손대패질 하여 마무리 한다.

4개의 곡재 중 곡이 가장 작은 것을 기준하여 추녀곡을 정한다.

추녀 외목

추녀곡 결정

추녀 먹선긋기

치목 완료 된 추녀

아. 사래

사래는 부연을 거는 겹처마 집에만 있는 부재로 추녀 위에 조립한다. 치목은 추녀와 동일하다. 다만 사래의 하부는 평고대(초매기)와 결구되므로 평고대 자리만큼 따내야 한다.

사래곡은 추녀에 따라 변한다. 상부의 경사가 각기 다른 추녀 위에 조립되므로 곡을 일률적으로 정할 수 없다.

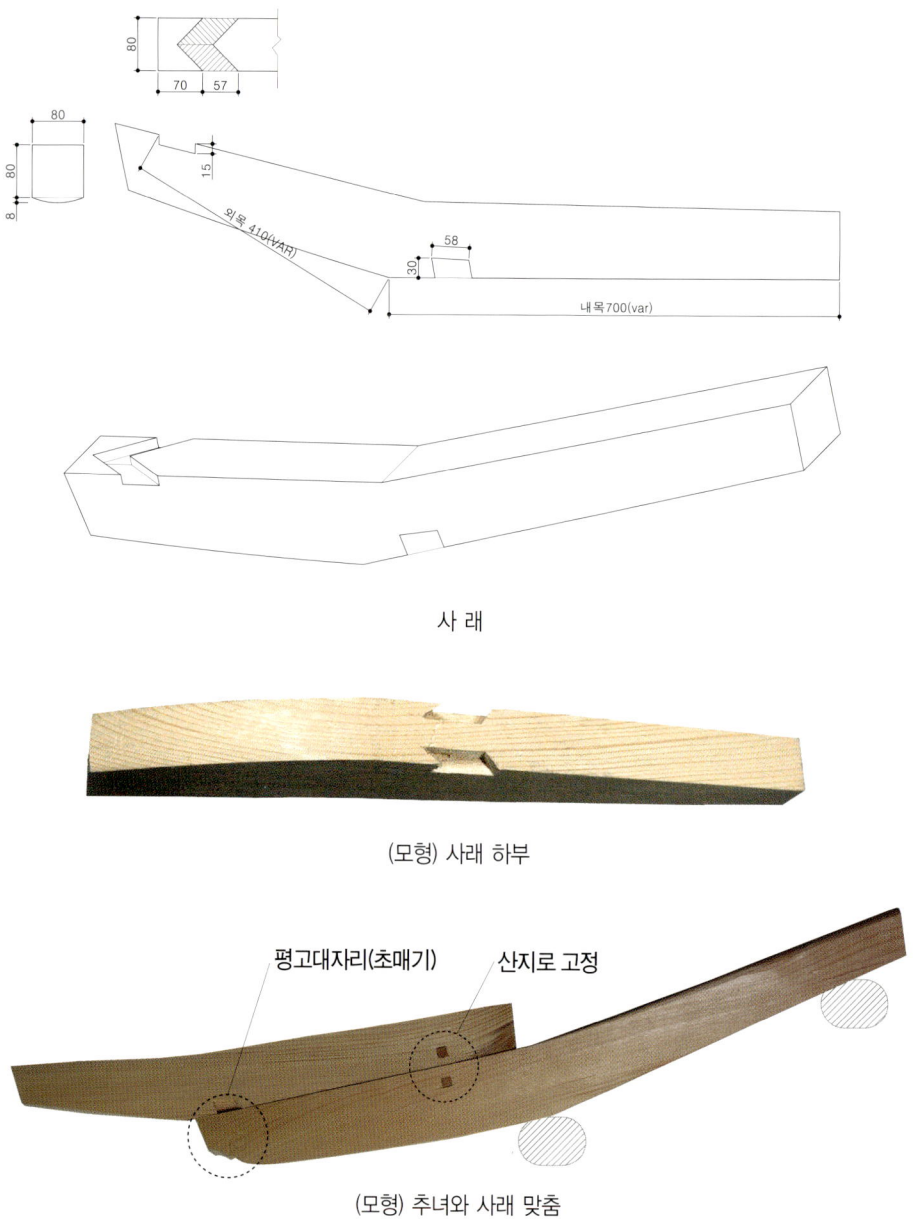

사 래

(모형) 사래 하부

(모형) 추녀와 사래 맞춤

자. 평고대

장연(서까래)위에 조립하는 평고대를 초매기, 부연 위에 조립하는 평고대를 이매기라 한다. 평고대는 장연이나 부연 외목(내밀기)에 맞춰 연목을 연결하고 그 끝을 추녀나 사래에 고정시켜 지붕곡선을 확연히 드러나게 하는 부재이다. 세부적인 서까래 곡과 내밀기는 평고대가 만드는 곡선에 따라 약간씩 달라지는데 지붕 곡선을 아주 세밀하게 조정할 수 있도록 해주는 부재이기도 하다. 선자연 위에 조립하는 평고대를 조로 평고대라 한다. 조로 평고대는 예상되는 지붕곡선과 비슷한 곡률을 가진 목재를 켜서 사용하는데 잦은 이음에 따른 변형을 방지하고 매끄러운 지붕곡선을 얻기 위해 긴 부재를 사용한다.

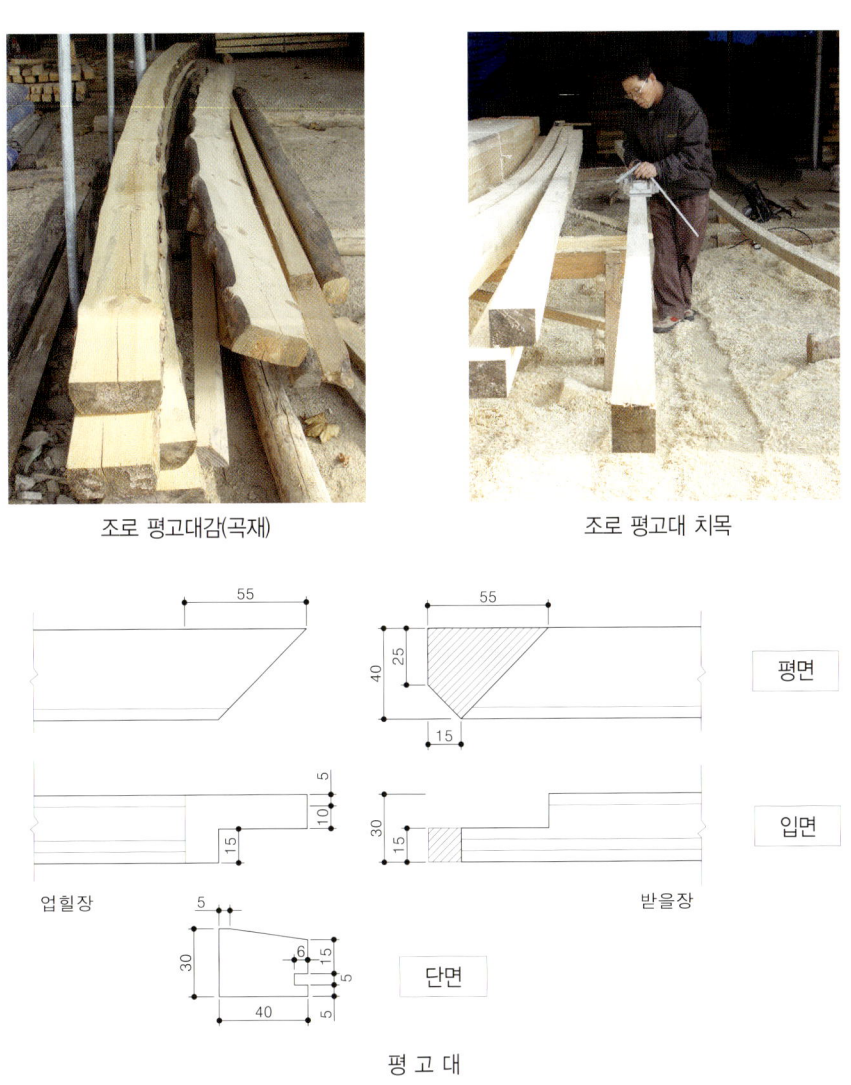

조로 평고대감(곡재) 　　　　　　조로 평고대 치목

평 고 대

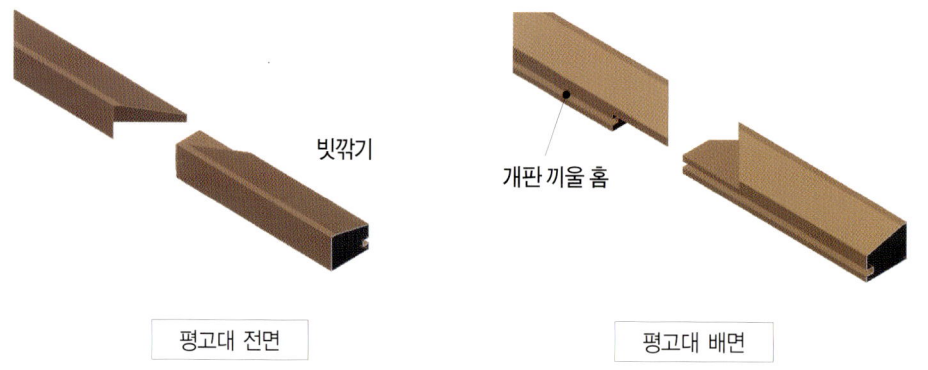

| 평고대 전면 | 평고대 배면 |

1) 조로 평고대는 자연스럽게 휜 부재를 켜서 사용한다.
2) 개판에 조립되는 평고대의 안쪽은 개판 두께의 절반 정도 되는 폭으로 홈 대패를 이용하여 홈을 파낸다.
3) 평고대(초매기) 상부는 전면에서 5푼 정도 띄운 다음 부연을 조립할 수 있도록 경사지게 깎아낸다.
4) 평고대의 이음은 연귀반턱맞춤을 하는데 조로 평고대의 이음은 선자연을 지나 평서까래 위에서 이어야 한다.
5) 추녀와 사래위에 조립하는 평고대의 맞춤은 아래 그림과 같다.

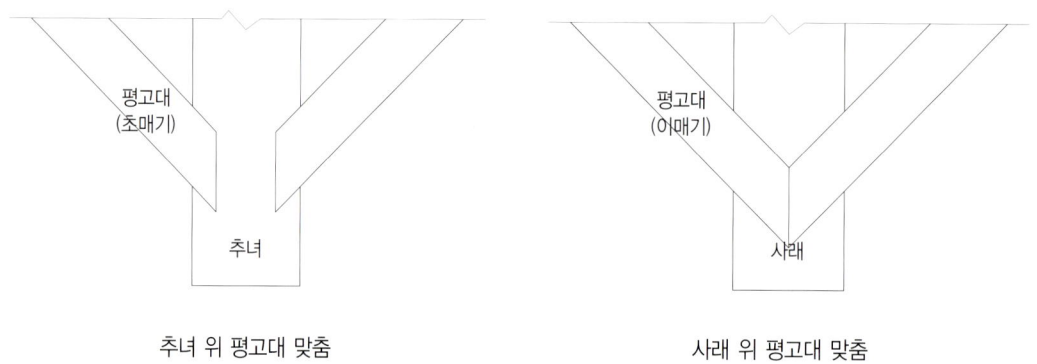

추녀 위 평고대 맞춤   사래 위 평고대 맞춤

차. 서까래
 -. 긴서까래(長椽)
 1) 추녀에 의해 앙곡과 안허리가 정해지면 서까래는 전면 중심에서 추녀쪽으로 갈수록 길이와 곡이 달라진다.

2) 원목의 경우 상하부를 좌판 위에 앉힐 수 있게 대패질한 후 중심먹을 친다.
3) 목재의 밑둥이 연목 마구리가 되게 좌판 위에 놓고 외목과 내목 기점을 표시한 후 휘어진 정도에 따라 번호(나이)를 부여한다.
3) 좌판 경사에 맞춰 서까래 마구리 경사를 그린다.
4) 먹선에 따라 서까래 마구리를 자르고 대패로 다듬은 후 서까래 마구리 지름에 해당하는 원을 그린다.
5) 먹선에 따라 자귀나 대패를 이용하여 초벌깎기 한다.
6) 서까래 끝은 보통의 경우 서까래 내민 치수의 1/3 지점에서 조금 후려 깎는다. (서까래 굵기의 1/10 정도로 후려줌)
7) 손대패를 이용하여 마무리 한다.
8) 짧은 서까래(短椽)와 맞닿는 부분은 서로 엇갈려 물리므로 양볼을 따낸다.

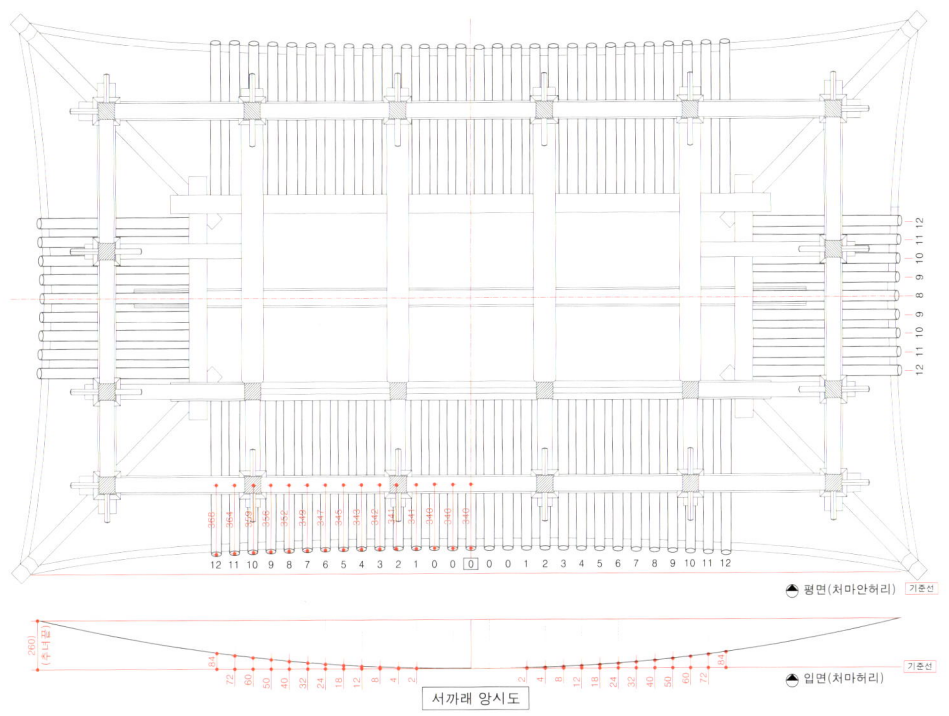

※ 서까래 배열
　주칸의 중심에서 일정한 간격으로 서까래를 배열한다. 중심의 곡을 "0"으로 정하고 좌우로 배열하면서 서까래 앙곡(처마허리)과 안허리(내밀기)를 준다. 정면의 곡을 따라 측면에도 동일하게 서까래를 배열한다. 측면은 정면에 비해 거리가 짧기 때문에 선자연 막장 다음 서까래(12)부터 번호(나이)를 매겨 중심까지 배열한다. (도면참고)

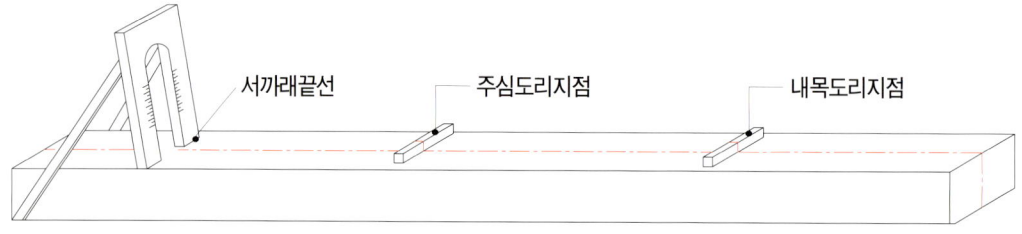

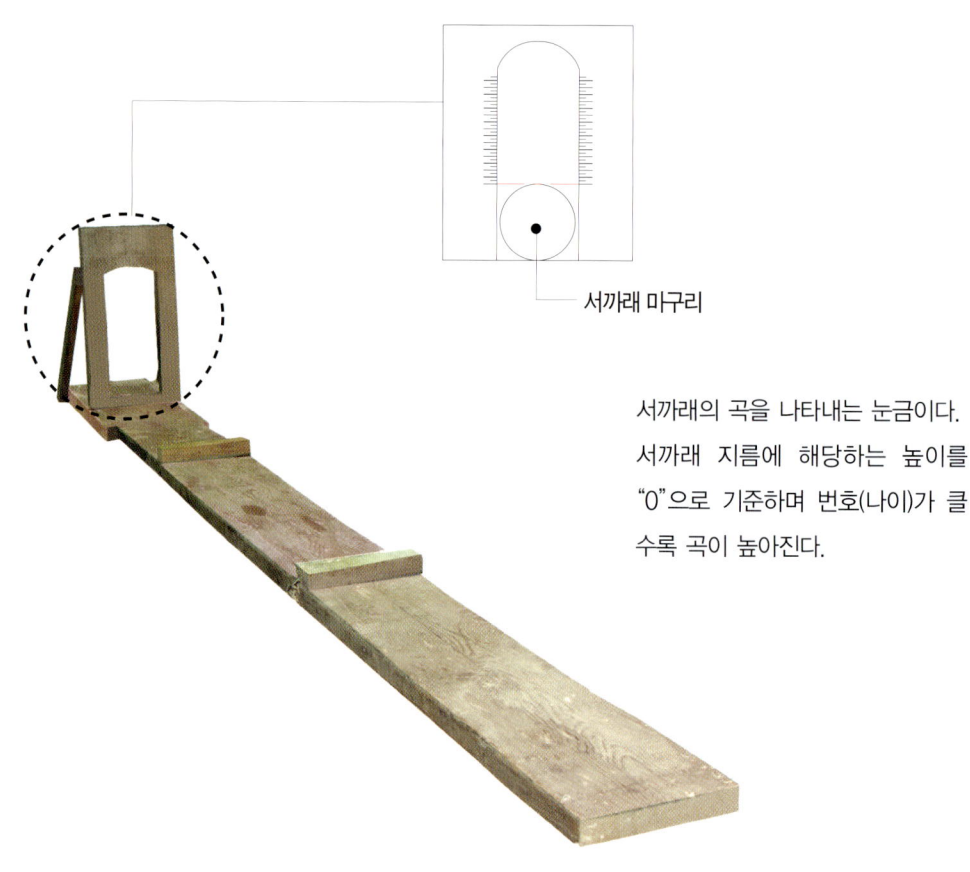

서까래의 곡을 나타내는 눈금이다. 서까래 지름에 해당하는 높이를 "0"으로 기준하며 번호(나이)가 클수록 곡이 높아진다.

서까래 좌판

※ 추녀의 곡과 외목에 따라 서까래의 곡과 내밀기가 정해진다. 추녀의 곡이 높을수록 서까래의 곡도 커진다. 서까래는 배열되는 위치에 따라 서까래 곡이 다르므로 서까래 좌판을 이용하여 치목하여, 일정한 간격으로 곡을 잡아준다.

치 목

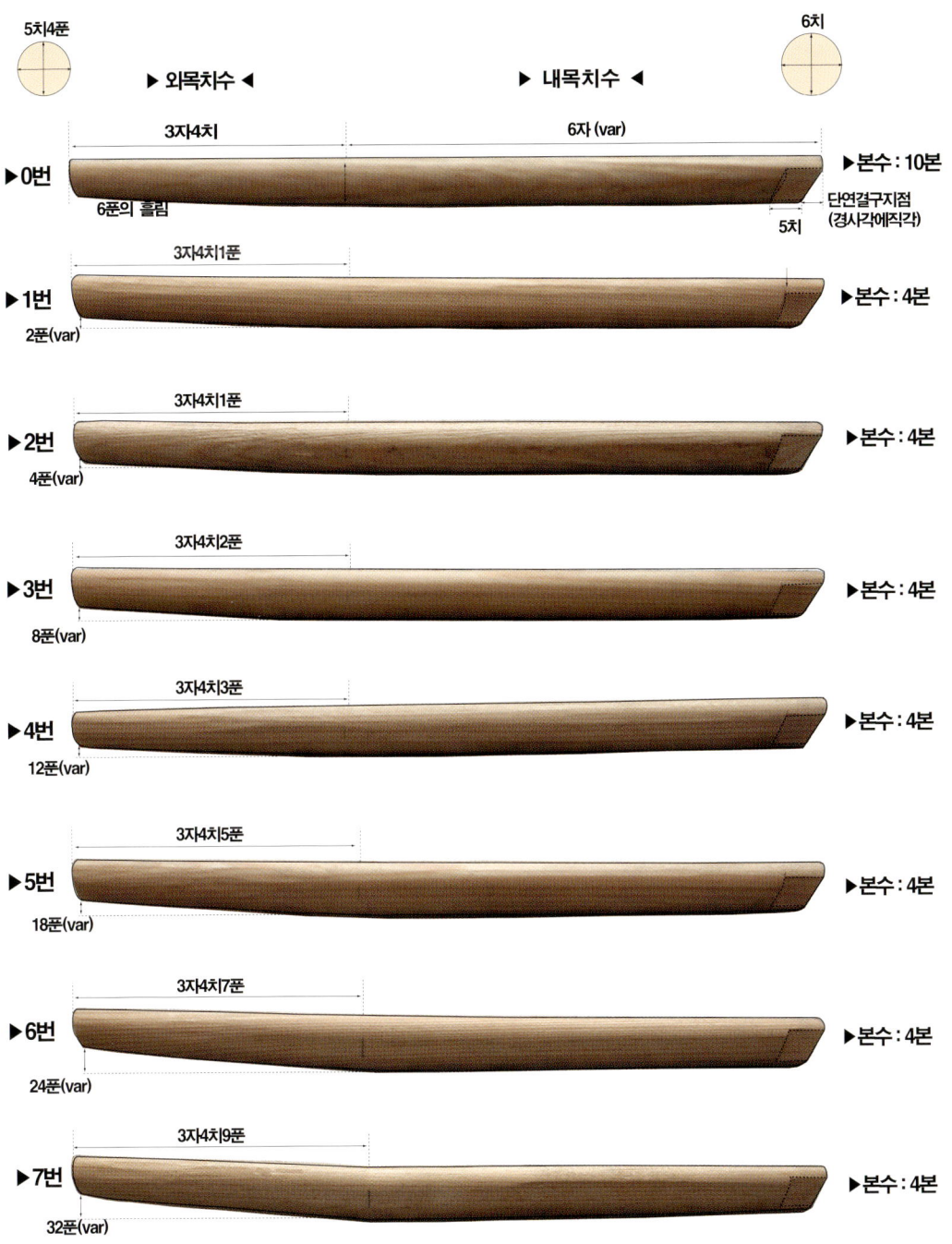

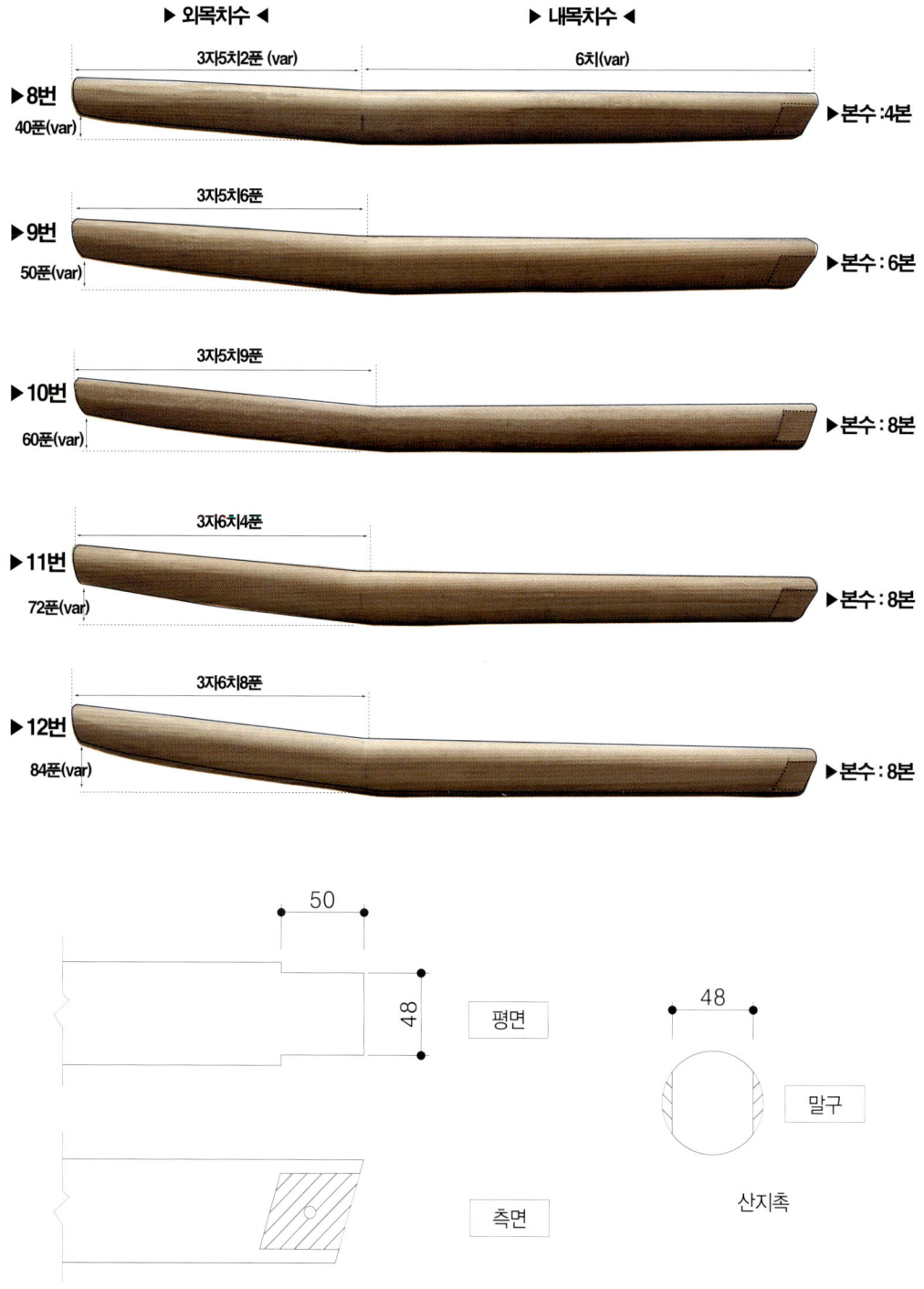

(모형) 서까래 치수

서까래를 좌판에 놓고 주심도리자리(외목.내목 기준점)를 표시한다.

서까래 마구리는 좌판 경사에 맞춰 먹선을 그은 다음 선에 따라 비스듬히 자른다.

서까래 번호에 따라 주심에서 외목 치수를 정하여 서까래 등에 먹선을 긋는다.

- 짧은 서까래(短椽) : 중연과 단연을 통칭

 서까래(단연)는 곡이 없으므로 원형깎기와 동일하게 치목하고 긴 서까래와 맞닿는 부분은 양 볼을 따내어 긴 서까래 상부와 밀착시킨다.

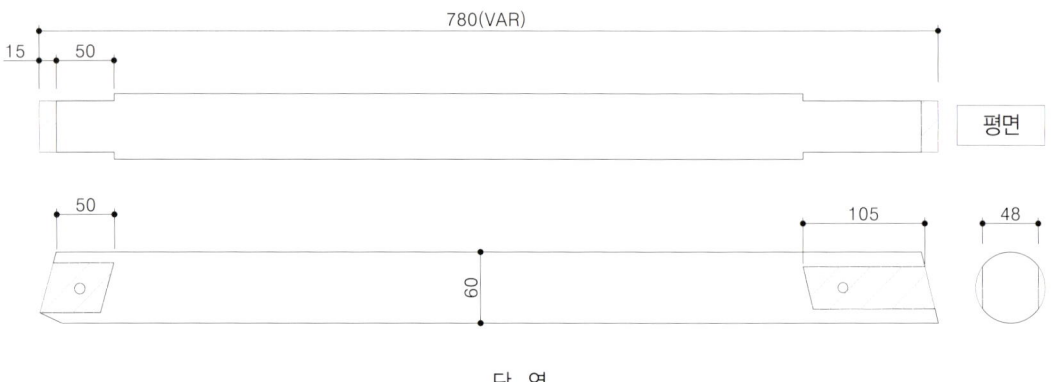

단 연

원목 껍질 벗기기

양볼따내기

먹선치기

※ 서까래 위에는 개판이나 산자를 엮는데 개판이 얹히는 서까래 상부는 개판과 밀착 되게 평평하게 깎는다.

- 선자 서까래

  추녀 끝부분과 중도리의 교차점을 꼭지점으로 하여 부채살 모양으로 배치하는 서까래를 선자 서까래라 한다. 선자 서까래는 긴서까래 보다 더 길고 크며 곡재를 사용해야 한다. 선자연은 갈모산방 위에 놓이는데, 초장에서 막장 까지 길이와 곡이 모두 다르다. 선자연은 여유 치수를 두고 제재한다.

  제재한 부재를 초벌깎기하여 건조시킨 다음 현장에서 조립할 때 부재 사이의 틈이 생기지 않도록 깎아 맞춘다.

1) 중도리 중심선과 추녀 가장자리 선의 교차점을 기준하여 선자연 나누기를 한다.
2) 초장은 반원형이 아닌 선자연 마구리 면적의 2/3정도에 해당하는 원으로 한다. 원형의 1/3정도는 평활하게 깎아 낸다. 이는 추녀 양볼에 붙이기 위해서이다.
3) 선자 나누기 하여 얻은 값(통)을 참고하여 2장,3장 순으로 치목한다.

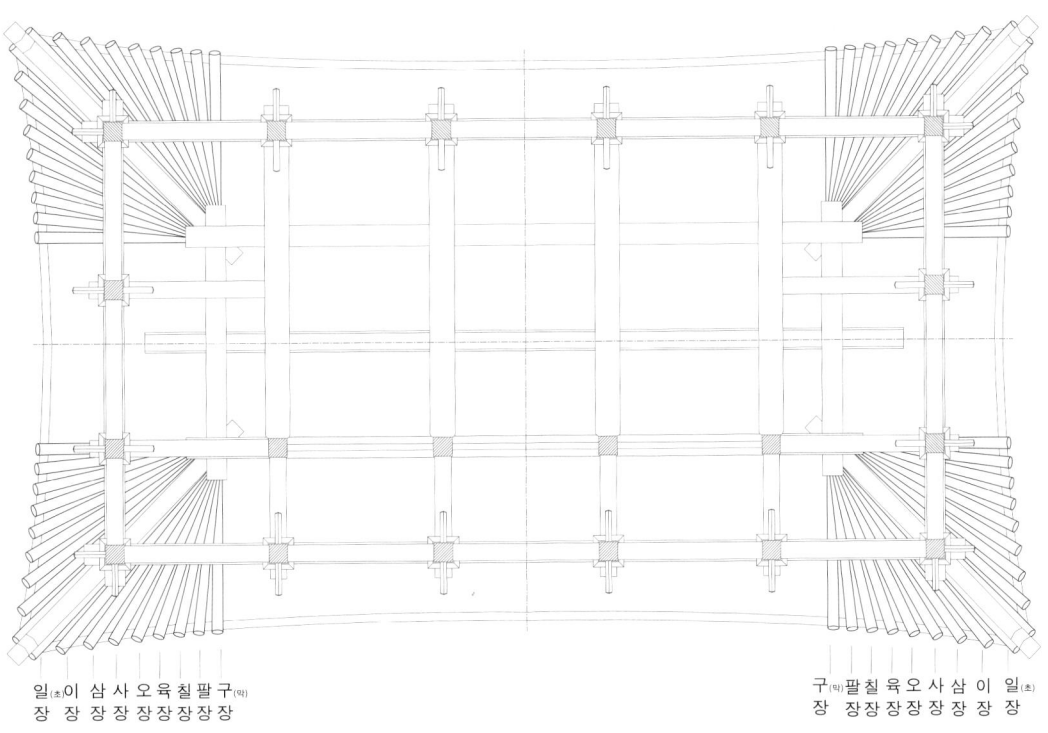

일(초) 이 삼 사 오 육 칠 팔 구(막)
장   장 장 장 장 장 장 장 장

구(막) 팔 칠 육 오 사 삼 이 일(초)
장   장 장 장 장 장 장 장 장

선자연 앙시도

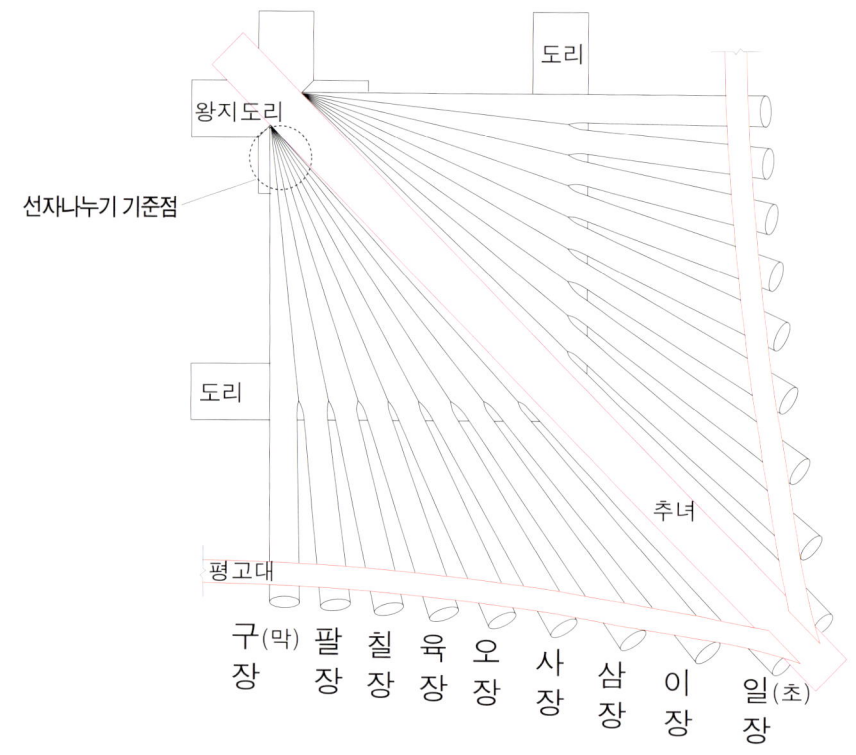

선자 평면도

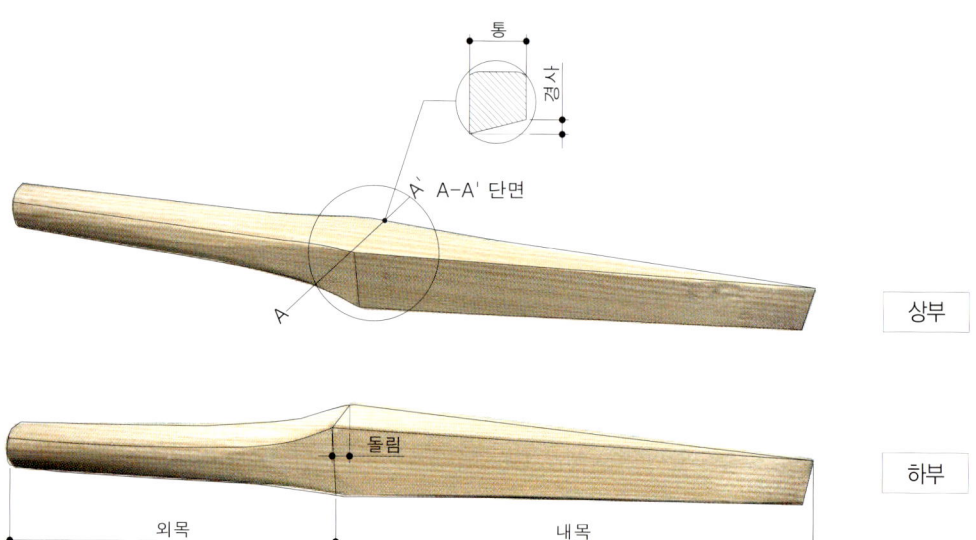

 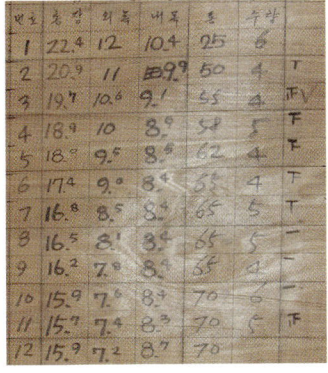 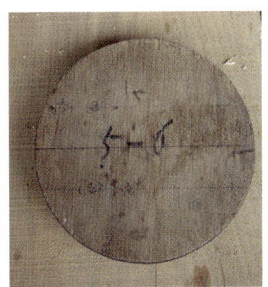

선자연 1차 치목   선자치목 현황판(예)   선자 마구리 현촌도(本)

카. 부연

- 벌부연

벌부연은 곡이 없이 동일한 형태로 평연 위에 조립된다. 부연은 평서까래보다 낮은 물매로 조립하는데 얇은 합판으로 현촌도(本)를 만들어 사용한다.

부연 마구리 경사는 집의 형태나 양식에 따라 조금씩 차이가 있으나 보통 서까래 마구리 경사에 따라 조절한다. 부연 마구리는 역 사다리꼴 모양의 방형으로 폭과 높이의 비는 보통 1:1.3~1.7 정도이다.

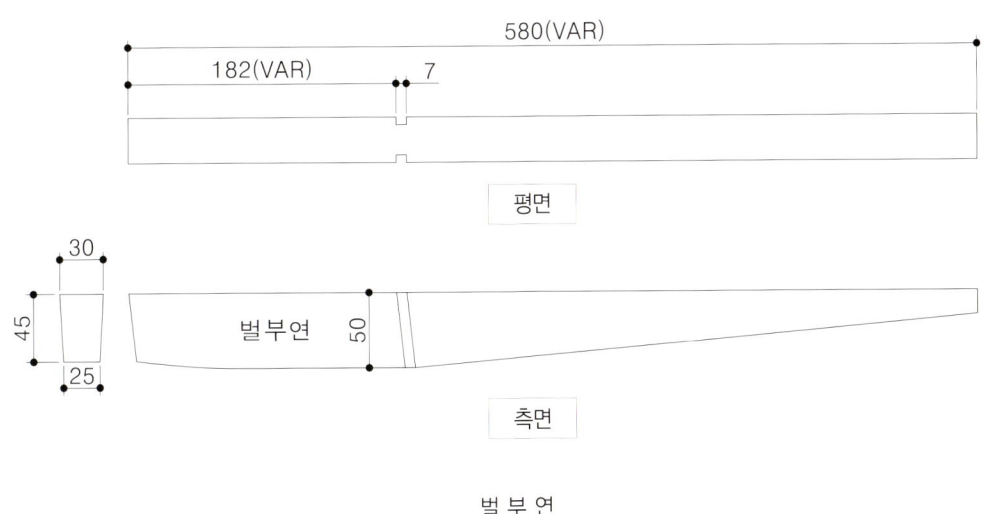

벌 부 연

1) 외목과 내목, 마구리 경사를 결정하여 얇은 합판으로 현촌도(本)를 만든다.
2) 재목의 한 면을 평평하게 대패질하고 마구리를 경사에 맞춰 자른다.

3) 평평하게 대패질 한 면에 부연 모양을 본떠 만든 합판을 대고 그린다.
4) 그려진 부연 모양에 맞춰 대패로 다듬는다.
5) 뒤초리 길이는 외목길이의 1.5~2배 정도가 적당하나 처마물매에 따라 달라질 수 있다.
6) 부연외목 옆볼은 부연내밀기의 1/3지점에서 경사지게 후려 준다.
7) 마지막으로 손대패질 하여 마무리한다.
8) 부연을 조립할 때 부연 착고 끼울 위치를 표시하고 톱과 끌을 이용하여 홈을 파낸 다음 못을 박아 고정시킨다.

- 고대(선자)부연

선자연 위에 조립되는 선자부연은 벌부연과 달리 곡이 있다. 선자연이 추녀를 중심으로 조립되는 것처럼 고대부연은 사래를 중심으로 양쪽으로 조립된다. 고대부연은 사래곡과 비슷한 곡재를 사용한다.

1) 곡재를 사래 옆에 대고 곡에 따라 먹선을 친다. 이 때 앞부분은 이매기에 닿게 하고 뒤초리는 선자개판 위에 닿아야 한다.
2) 먹선 따라 까귀(자귀)를 이용하여 깎는다.
3) 고대부연 마구리는 경사지게 자르고 벌부연과 동일하게 외목의 1/3지점에서 양 옆볼을 후려 준다.
4) 조립할 때 평고대(이매기)선에 맞추어 부연착고자리를 경사지게 따 내는데 먼저 먹칼로 선을 그린 다음 톱과 끌을 이용하여 널 홈을 판다.

타. 박공

박공은 건물의 양측면에 조립하는 부재로 역시 곡재를 사용한다. 전통건축에서는 일반적으로 목재를 사용할 때는 밑둥이 아래로 가게 사용하는데 박공은 다른 부재와 달리 밑둥이 위로 가게 조립한다. 이는 상부를 넓게 사용하기 위해서이다. 합각부는 비바람에 노출되므로 외부 환경에 잘 견디게 조립하여야 하는데 그 중 하나가 부재를 이어 사용하지 않는 것이다. 규모가 큰 건물일 경우에는 이어 사용하기도 하지만 가능하다면 단일 부재를 사용하는 것이 좋다. 또한 두께도 너무 얇게 사용하면 안 된다.

1) 박공은 곡재를 사용하는데 4면에 조립 될 박공의 휜 정도가 같아야 한다.
2) 제재한 박공감을 평평하게 대패질 한 다음 긴 장척이나 곧고 긴 각재를 이용하여 박공의 곡선을 만든다.
3) 곡선에 따라 톱으로 켜낸 다음 대패로 다듬는다.

박 공

제 3 장
조 립

창덕궁 낙선재 추녀

조 립

보통 목구조물은 주요 부재를 먼저 치목한 다음 조립을 한다. 경우에 따라서는 치목과 조립이 동시에 이루어지거나 치목을 완료한 후 조립하는 경우도 있다.

【 한옥의 조립 순서 】

기둥 → 익공 → 창방 → 주두 → 소로 → 장여 → 퇴량 → 대들보, 측량→ 주심도리 → 동자주 → 종량 →중장여 → 중도리 → 대공 →대공소로 → 창방 → 상장여 → 상도리 → 추녀 → 서까래(장연) → 평고대 → 갈모산방 → 선자연 → 서까래(단연)→ 서까래개판→ 선자연개판 → 사래 → 벌부연 → 이매기 → 고대(선자)부연 → 부연개판 →집부사(집우사) → 풍판 → 박공 → 목기연개판 → <u>적심도리(마룻도리) → 보토다짐 → 강회다짐 → 암막새 → 암기와 → 수막새 → 수키와 → 착고, 부고, 용마루, 내림마루 (기와공사 제외)</u>

1. 기둥 세우기

가. 주초석 위에 주칸의 치수에 따라 중심을 확인한 후 중심먹선(십자선)을 친다.
나. 정면 맨 왼쪽 주초석을 1번으로 정하고 반시계방향으로 돌아가며 주초석에 번호를 매긴다.

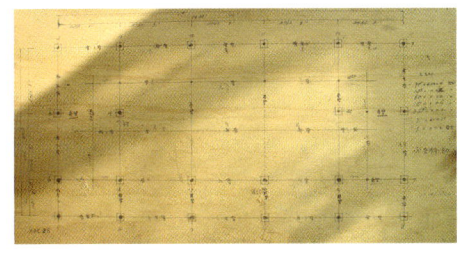

도행판   모형 주초

주초석

다. 주초석 상단에서 수평 기준 값과의 오차를 측정하여 도행판에 +, -로 기록한다.
라. 기둥을 주초석 위에 세우고 기둥 1차 다림(수직확인)을 본다.
마. 주초석의 높이와 기둥의 높이를 확인한 후 기둥 높이가 수평이 되도록 그레칼을 이용하여 주초의 모양대로 그레질한다.

바. 그레질한 기둥은 먹선에 따라 톱으로 자르고 끌로 다듬는다.

그레질

다림보기

사. 다듬은 기둥을 다시 주초 위에 놓고 2차 다림 본다. (수직 확인)

▶기둥을 치목할 때 그레질 할 여유 길이를 두어야 한다.
▶귀솟음이 있을 때에는 귓기둥에 귀솟음을 줄만한 여유가 있어야 한다.

2. 익공

가. 익공감에 도안을 대고 당초문양을 그린다음 조각끌을 이용하여 새김한다.
나. 조각한 익공은 기둥에 곧은장으로 조립한다.
　　(기둥 상부에 익공을 끼워 내려 박는다.)
다. 익공과 보가 만나는 부위에는 은못 홈을 파서 고정시킨다.

익공 조각 새김

(모형) 익공

기둥사괘에 익공조립   (모형) 익공 조립

3. 창방

창방 주먹장은 기둥 사괘의 먹선 보다 2, 3푼 정도 불림을 주어 빡빡하게 조립하는데, 양쪽에서 동시에 목메를 쳐서 조립한다.

4. 소로 · 주두 · 소로방막이

가. 소로는 창방 중심선에 일정한 간격으로 구멍을 뚫고 촉을 박아 고정시킨다.

나. 익공과 창방이 조립된 기둥 위에 주두를 놓는다. 주두는 익공방향으로는 경사지게 따내고 소로 방막이를 조립하는 곳은 곧은장으로 따낸다

다. 주두와 소로, 소로와 소로 사이에는 소로 방막이를 끼워 넣는데 빈틈이 없이 헐겁지 않게 조립한다.

창방 위 소로 조립   소로방막이와 소로

주두 치목

기둥 위 주두 조립

(모형) 기둥 위 주두

주두 上

주두 下

5. 장여

제혀 주먹장으로 치목한 장여를 창방위 소로. 주두에 조립한다.

장여 제혀맞춤

6. 퇴량, 대량

퇴량과 대량은 고주에 꽂힌다. 고주에 곧은장으로 따낸 촉을 먼저 넣고 보의 뺄목부분을 주두 위에 조립한다. 대량과 퇴량은 부재가 커서 여러 사람이 함께 운반해야 하므로 서로의 호흡이 중요하다. 요즘 기계로 운반하여 조립하는 경우도 있지만, 아직은 현장에서 목도하여 운반 조립하는 경우가 더 많다. 조립이 완료되면 고주에 꽂힌 퇴량과 대량은 산지를 박아 고정시킨다.

산지로 고정할 때 주의할 점은 퇴량과 대량의 높이는 다르나 꽂히는 산지 하부선은 동일해야 한다. 그래야만 꽂은 촉이 찢어지거나 밀려나지 않는다.

이때, 기둥은 주초위에 완전히 고정되어 있지 않기 때문에 퇴량이나 대량을 조립할 때 기둥이 움직이는 경우가 있다. 따라서 조립한 후 가새를 이용하여 기둥이 움직이지 않게 고정시켜 두어야 한다.

퇴량, 대들보 조립

(모형) 퇴량, 대들보 조립

평주의 보 맞춤

귓기둥에서의 보 맞춤

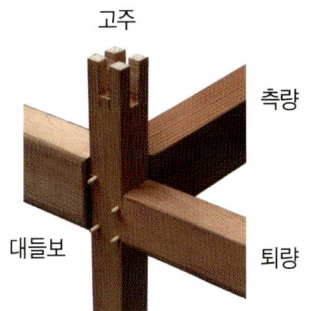

(모형)

7. 측량

측량은 고주에 조립하기도하고 대량에 조립하기도 한다.
대량에 반턱 내림 주먹장으로 측량을 조립할 때는 측량의 주먹장에 불림을 주어 빡빡하게 조립한다.

대들보 측면 반턱 내림주먹장 홈 가공

대들보에 측량 조립

8. 도리

가. 도리는 조립한다는 것보다는 놓인다는 표현이 더 적절하다.
　　장여 위에 놓이는데 장여와 밀착시켜 구르지 않도록 해야 한다.
나. 뺄목 도리는 반턱 맞춤하여 조립한다. 이 때 도리 연귀부분에 틈이 없어야 한다.
다. 도리를 조립하고 나면 도리 이음부를 나비장으로 연결하고 목메로 박아 고정시킨다.
　　요즘은 철물 작업이 용이하여 도리간이 벌어지지 않게 띠철로 보강한다.

도리간 이음(나비장)

도리 뺄목 (왕지맞춤)

(모형) 도리맞춤

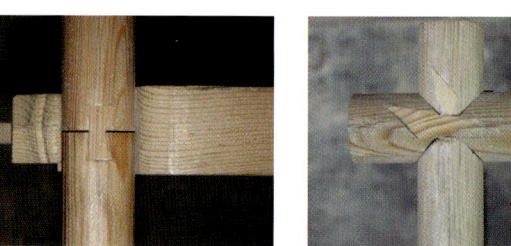

왕지맞춤

9. 동자주

동자주 높이는 대량의 높이에 따라 다르다. 대량 위 동자주가 조립되는 곳은 5푼 정도 홈을 파낸 후 동자주를 조립한다. 이는 동자주의 움직임을 방지하기 위한 것이다. (동자주 사괘는 도리가 놓였을 때 틈이 없어야 하므로 도리 모양대로 치목한다.)

대량 위 동자주 자리 홈   동자주 조립

10. 중장여, 종량, 중도리

가. 종량을 먼저 조립한다. 장비를 사용하여 운반하거나, 목도로 운반하는데 동자주와 고주 위에 놓고 목메를 이용하여 내려 박는다. 목메를 칠 때는 양쪽에서 동시에 메질을 하여 조립한다.

나. 중장여를 종량 방향에 직교(동자주와 동자주, 고주와 고주)하게 조립한다.
　　종량의 곧은장을 먼저 기둥 사괘에 조립한 후 중장여의 주먹장을 조립해야만 중장여가 빡빡하게 조립되어 맞춤이 견고하게 된다.

다. 중도리는 주심도리와 동일한 방법으로 중장여 위에 조립한다.

고주에 조립하는 종량   (모형)

11. 대공

가. 종량위에 조립되는 대공은 종량의 중심에 은못 자리를 파고 은못을 박은 다음 4개로 나누어진 대공의 최하단부를 먼저 조립한다.

나. 나누어진 대공과 종량을 은못으로 결구시킨 후 창방 받침소로를 조립한다.

다. 창방받침소로 위에 상창방을 조립하는데, 상창방의 길이는 합각까지 내밀어야 하므로 치목시

창방치수에 뺄목치수를 더해야 한다.
라. 소로, 상장여, 도리를 조립한다.

대공조립

12. 추녀

가. 추녀는 도리 왕지 위에 조립한다.
나. 네귀퉁이 중도리 왕지 위에 추녀를 얹어 수평을 본다.
다. 수평에 따라 도리 왕지를 그레질한 다음 그레질한 부분을 따낸다.
라. 따낸 왕지도리 위에 추녀를 조립하고 추녀정을 박는다. 추녀정은 왕지도리에 박아 고정시킨다. 또 감잡이쇠를 이용하여 추녀와 도리를 연결하여 고정시킨다.(추녀 외목에 실리는 하중으로인해 추녀 뒷부분이 들리는 현상을 방지하기 위해서이다)
마. 추녀 상부에는 사래와 결구할 수 있도록 은못 홈을 파낸다.
바. 추녀 뺄목 상부는 평고대를 조립한다.

왕지도리 위 추녀조립(철물보강)

(모형) 추녀조립

추녀 외목 놓일 자리(그레질한 홈)

13. 서까래(장연)와 평고대(초매기)

가. 주칸의 중심을 기준하여 서까래가 조립될 위치(서까래 간격 1자)를 먼저 도리에 표시한다.

나. 건물 중앙부의 서까래를 먼저 조립한다.

다. 중앙의 서까래와 양쪽 추녀를 연결하는 평고대를 설치한다.

라. 앙곡에 맞춰 평고대를 조절하면서 서까래를 조립한다.
평고대 조립 위치는 서까래 끝에서 안으로 1치5푼~2치정도 들어와 고정시킨다.(p106 상단 사진 참조)

마. 서까래는 중도리 위에서 연정으로 고정하고 평고대 위에서도 못을 박아 고정시킨다.

바. 평고대(초매기)는 추녀 앞 등을 3分정도 따낸 후 연정을 박아 고정시킨다.

서까래 위치를 도리에 표시

서까래 연정으로 고정

| 서까래 조립-정면 | 서까래 내밀기(1.5寸~2寸) | (모형) 서까래 걸기 |

14. 선자연, 갈모산방 조립

가. 추녀의 양옆 도리위에 갈모산방을 조립한다. 갈모산방의 하부는 그렝이질하여 도리와 밀착되게 하고 상부는 추녀와 장연(서까래)의 곡에 따라 경사지게 깎아서 조립한다.

나. 선자연은 초장부터 막장까지 순서대로 조립한다. 추녀 위에 얹은 평고대 선에 맞춰 바심질 한 곡재를 추녀 옆에 대고 전체 곡을 뜬다. 초장은 다른 선자보다 곡이 크다. 초장을 추녀 옆볼에 붙이고 선정으로 고정한다.

다. 선자 나누기하여 얻은 값(통)을 참고하여 2장, 3장 순으로 연결하여 조립해 나간다. 초장에서 막장까지 서로 밀착시켜 틈이 없어야 한다.(선자연 하부 또한 갈모산방에 밀착시켜야 한다.)

라. 막장은 뒷초리를 굵고 두툼하게 치목하여 조립한다.

※ 지붕에 하중이 많이 실리는 네 모서리는 외목이 처져 내리기 쉽다. 따라서 선자연은 적당한 간격으로 연정을 박아 조립한 후 선자연 뒷초리 위에 누리개를 박아 보강해야 한다.

| 갈모산방 | 선자연 조립전 치목 (2차) |

추녀에 초장을 조립한 후 초장 하부선에서 추녀 바닥까지의 거리는 앞뒤가 비슷해야 한다.

선자연 초장붙이기

선자연은 중도리 왕지중심을 기점으로 하여 방사형으로 나눈다. 그래서 선자연의 뒷 초리는 얇고 뾰족하게 조립 될 수밖에 없다. 얇은 부재에 선정을 많이 사용하면 깨지거나 찢어지는 문제가 발생하므로 선정은 적당한 간격을 유지하면서 고정시킨다.

선자연 이장붙이기　　　막장 치목

(모형)선자연 붙이기　　　선자연 하부　　　선자연 상부

15. 단연 조립

가. 단연은 장연과 엇갈리게 조립하여 종도리 위에서 단연끼리 엇물리게 놓은 후 연정으로 고정한다.

나. 합각방향으로는 단연을 놓지 않고 단연보다 굵고 긴 부재(집부사)를 추녀 뒤초리 위에 올려 조립한다. 집부사가 받는 지붕의 하중을 추녀에 전달하여 추녀가 들리는 것을 방지한다.

다. 집부사의 전면은 풍판을 조립할 수 있도록 평평하게 다듬는다.

16. 선자연, 서까래 개판 깔기

가. 서까래와 선자연의 조립이 완료되면 개판을 깐다.

나. 개판의 앞부분은 평고대 홈에 끼울 수 있도록 약간 경사지게 대패질하여 조립한다.

다. 개판의 폭은 서까래 간격과 동일하며 서까래와 서까래 사이에 서까래와 같은 방향으로 조립한다.(골개판)

선자연 개판 깔기

장연, 단연 개판 깔기

(모형) 선자연 개판 깔기

장연, 단연 개판 깔기

17. 사래

가. 사래를 추녀 위에 얹어 놓고 네 귀퉁이 사래 끝에서 수평보기를 한다.
나. 수평에 따라 추녀와 사래가 밀착되도록 그레질한다.
다. 사래의 하부는 평고대(초매기)를 조립할 수 있도록 평고대 모양대로 따내고 은못 홈을 내어 추녀 상부와 연결한다.

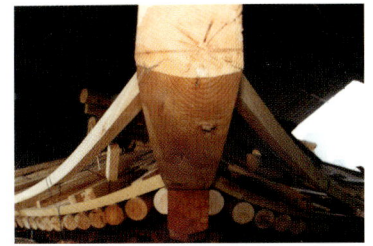
사래조립(하부)

(상부)

(측면부)

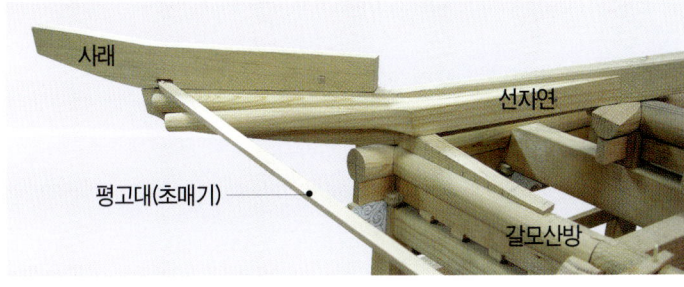
(모형) 귀부분의 부재 조립

(모형) 사래

18. 벌부연과 평고대(이매기)

가. 벌부연도 서까래 걸기와 동일하게 주칸 중심에 벌부연을 조립하고 양쪽 사래와 벌부연을 연결하여 평고대 앙곡을 잡는다.
나. 평고대(이매기) 곡에 따라 벌부연을 조립하는데, 연정으로 벌부연의 내목(뒷초리)을 서까래에 고정시킨다.
다. 평고대(이매기)는 부연 끝선에서 1寸5分 정도 들어와 고정시킨다.
라. 벌부연 양옆으로 부연착고를 끼운다.
(부연착고는 부연과 부연사이를 막는 판재로 7푼 정도 두께로 하고 건조하면서 틈이 생기므로 빡빡하게 조립하여 빠지지 않게 해야 한다. 조립할 때 착고의 양옆은 모를 접어 끼우고 윗면은 약간 둥글게 깎는다. 굽이가 위로 가게하여 조립한다.)
마. 평고대는 사래 위에서 서로 만나는데 사래 중심에서 만나도록 정확하게 잘라 맞춘다.

벌부연 조립   (모형) 벌부연 조립-전면   벌부연 측면

19. 고대(선자)부연, 부연개판 깔기

가. 선자서까래 위에 놓이는 고대 부연은 이매기 평고대를 걸면서 동시에 조립하는데 이때 안허리와 앙곡을 함께 잡아 나간다.

나. 사래에 고대부연 초장을 붙인다.

다. 선자부연은 평고대 곡에 맞춰 막장까지 조립한다.

라. 고대부연의 착고자리는 사래곡 때문에 제각기 위치와 경사가 달라진다. 고대부연의 조립이 완료 되면 초매기 평고대 경사에 맞춰 부연 마다 착고 끼울 홈을 그려 나간다. 먹선에 따라 경사지게 따내고 부연착고를 끼운다.

마. 벌부연 및 고대부연의 조립이 완료되면 부연 위에 개판을 깐다.
개판은 부연 길이 방향으로 부연과 부연사이에 조립한다.

고대부연 걸기   고대부연 상세

(모형) 고대부연 걸기

(모형) 고대부연 착고

(모형) 고대부연 개판 깔기

부연 개판 깔기

20. 적심도리

가. 적심도리는 서로 엇갈려 조립되는 단연 상부에 조립한다.

나. 보통 적심도리는 12각으로 깎는 것이 가장 좋은데 이는 도리의 움직임을 최대한 적게 하기 위해서이다.

21. 합각부 (풍판, 박공)

가. 합각의 뺄목에 풍판을 조립할 수 있도록 집부사와 집부사를 연결하는 가로보강재를 설치한다.
나. 폭이 1자정도 되는 풍판(판재)을 합각 높이에 맞춰 자른다.
다. 길이에 맞춰 자른 풍판(판재)을 빈틈없게 맞댄 다음 못을 박아 집부사에 고정시킨다.
라. 풍판을 조립하고 나면 박공을 설치한다.
마. 대칭으로 조립되는 박공은 빗 맞춤하여 외부에서 봤을 때 틈이 없게 해야 한다.
바. 박공 조립이 완료되면 목기연을 조립할 수 있도록 일정한 간격으로 목기연을 배치하고 조립할 부분을 따낸다.

합각 뺄목

풍판 조립

박공 조립

풍판 쫄대 조립

(모형) 풍판. 박공 조립완료

22. 목기연, 목기연 개판

가. 목기연의 외목은 부연과 동일한 모양으로 치목하고 내목은 부연과는 반대로 경사지게 켜낸 다. 상부를 제외한 3면을 5푼씩 따낸 후 박공에 조립한다.

나. 목기연 조립이 완료되면 목기연 위에 개판을 조립한다.

다. 목기연 뒷부분은 박공과 직각이 되도록 고정시켜야 한다.

목기연 조립　　　　　　　　　　목기연 개판

(모형) 목기연 조립　　　　　　　　　　배면

23. 적심깔기

가. 기와를 놓기 전에 기와 물매를 잡고 상부의 하중을 더하기 위하여 적심재를 깐다.

나. 적심은 단연과 장연이 만나는 부위에 가장 많이 놓는데, 이 때 적심목 중간 중간에 연정으로 고정하여 적심이 흘러내리지 않게 한다.

24. 완성된 곤물 모형 (일고주 오량 초익공. 축척 : $1/10$)

부 록

- 부재의 이음 및 맞춤 -

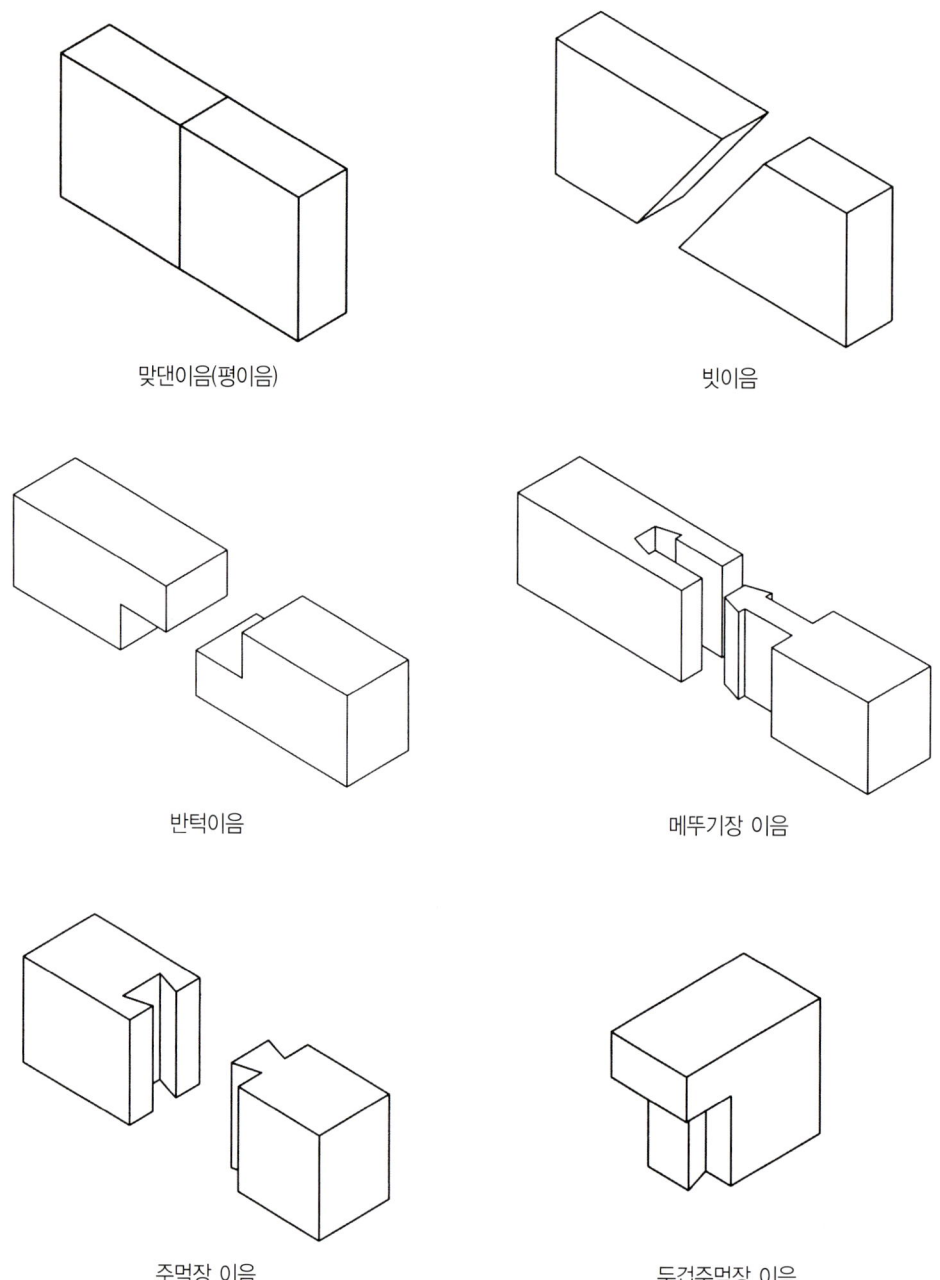

맞댄이음(평이음)

빗이음

반턱이음

메뚜기장 이음

주먹장 이음

두겁주먹장 이음

부록

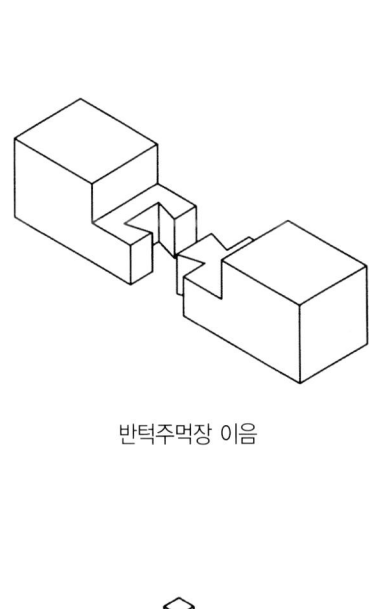

반턱주먹장 이음

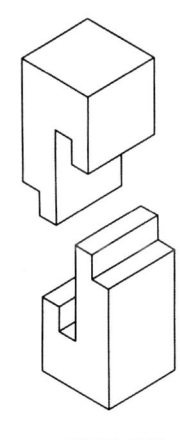

맞물림 이음

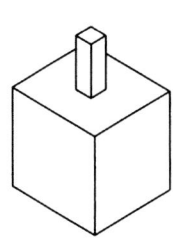

상투 이음

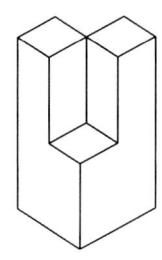

십자쌍촉이음

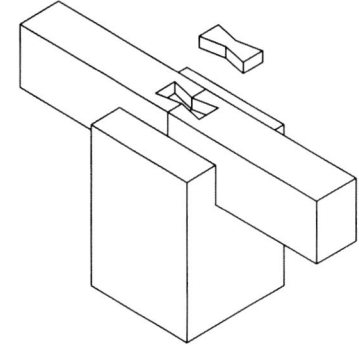

나비장 이음

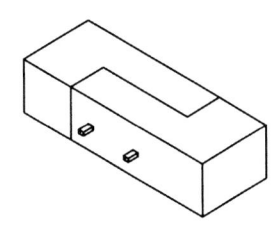

산지이음

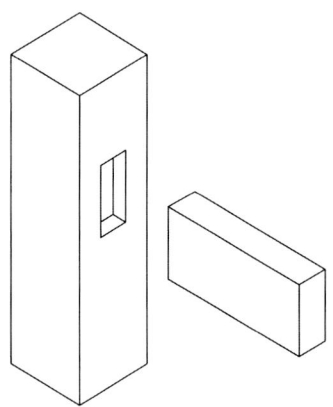

통맞춤   쌍갈맞춤

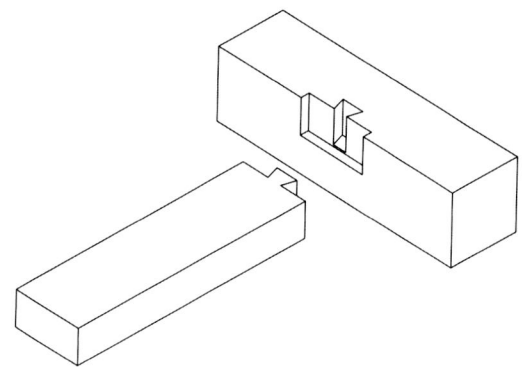

내림 반턱 주먹장 맞춤

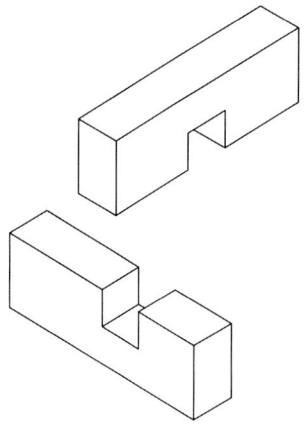   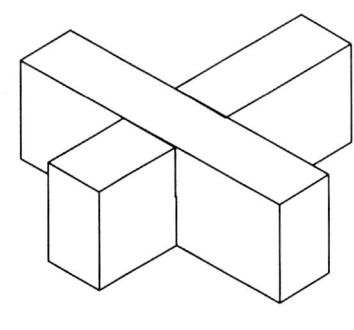

반턱맞춤 (조립 전)   반턱맞춤 (조립 후)

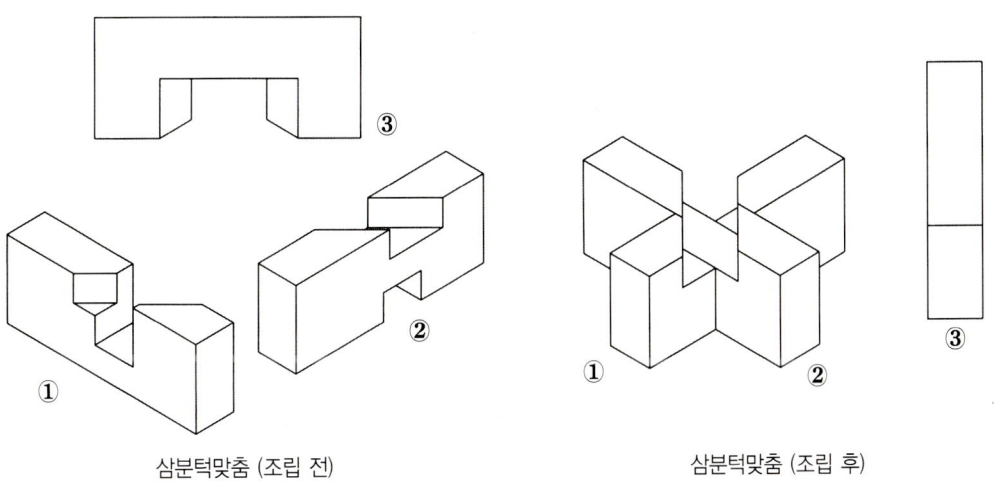

삼분턱맞춤 (조립 전)   삼분턱맞춤 (조립 후)

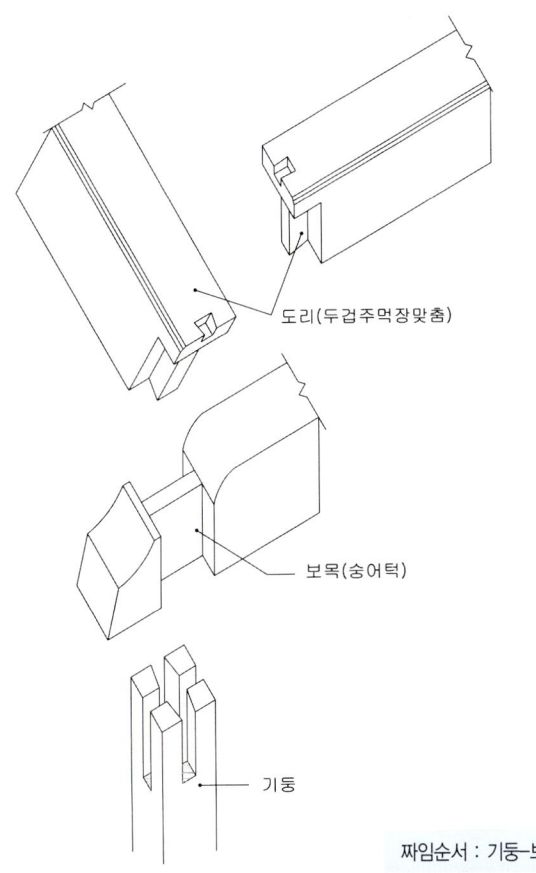

도리(두겁주먹장맞춤)

보목(숭어턱)

기둥

짜임순서 : 기둥-보-도리

숭어턱 맞춤

– 용어 정리 –

○ 마름질(마름개질)
　제작 또는 가공을 위해 재목을 치수에 맞추어 자르는 일

○ 바심질
　마름질한 재목을 깎고 다듬는 일

○ 가심질
　끌로 파낸 홈이나 구멍의 거친 면을 가심끌로 곱게 다듬는 일

○ 제재치수
　제재 시 톱날의 중심간 거리로 표시하는 목재의 치수

○ 제재정치수
　제재하여 나온 목재 자체의 정미치수

○ 마무리치수
　제재목을 치수에 맞추어 깎고 다듬어 대패질로 마무리한 치수

○ 토분
　진흙을 물에 풀어서 그 중 보드라운 것만을 채취하여 말린 흙가루. 나무의 눈메움, 갈라진 곳의 땜질 등 색을 올리는데 쓰임

○ 토분먹임
　토분을 물에 풀어 그것을 헝겊 등에 묻혀 나무면에 문질러서 눈메움 하거나 갈라진 곳의 땜질하고 색올림하여 칠하는 것

○ 누리개
　한식목조건축에서 지붕서까래의 뒷부분이 들리지 않도록 눌러 대는 나무

○ 연목누리개 (서까래누리개)
　연목의 뒷목을 눌러 대는 나무

○ 집부사
　박공널 안쪽에 걸쳐 댄 굵고 큰 서까래

○ 숭어턱 맞춤
　보의 목을 가늘게 하여 기둥 화통가지에 끼이게 하는 맞춤
　보의 맞춤 목을 숭어턱이라 함

○ 동바리 이음
　기둥 밑둥의 부식된 부분을 잘라내고 새 부재로 잇는 것

○ 도래걷이
　보가 둥근 기둥에 짜여지는 어깨에 도래를 띄어서 기둥을 싸고 있게 하는 방식

○ 굴림
　돌, 나무 등의 모서리를 모나지 않게 깎는 일

○ 그레질
　그레자로 기둥이나 재목 등에 그 놓일 자리의 바닥의 높낮이를 그리는 일

○ 마구리
　목재의 길이 방향에 직각으로 자른 끝면

○ 후리기
　부재의 단면이 어느 부분에서부터 점점 줄어들도록 깎아 내는 일

○ 바데떼기
　부재의 특정 부분을 움푹 들어가도록 깎아 내는 일

○ 모접이
　부재의 각진 모서리를 날카롭지 않게 깎아 내는 일

○ 소매걷이
　보나, 창방 등 맞춤 부위에서 단면이 큰 부재의 양 옆면과 어깨 등을 둥글게 깎아 내는 일

○ 새김질
　단청을 하거나 모양을 내기 위하여 끌이나 조각도를 이용하여 부재의 일부분을 파내는 일

○ 초각
　장식적으로 아름다운 문양을 조각하여 모양을 내는 일
　(살미, 포대공, 게눈각 등)

○ 쇠시리
　부재의 모나 면을 볼록하거나 오목하게 깎아 모양을 내는 일

- 참고 문헌 -

문화재수리 표준시방서(목공사) 2003.	문화재청
韓國建築大系 Ⅴ 木造	장기인. 普成閣
韓國建築大系 Ⅳ 韓國建築辭典	장기인. 普成閣
『천년 궁궐을 짓는다』	신응수. 김영사

이 책은 한국문화재재단 한국전통공예건축학교의 실기과정을 교재로 구성, 독자들의 전통공예에 대한 이해를 위하여 제작하였으며 교육과정은 다음과 같습니다.

● 교육기간 : 3월~12월(주 1회 3시간 32주/ 소목·대목 38주)
● 내　　용 : 각 분야별 실기위주로 진행
● 개설과목
　· 직물공예 : 침선, 매듭, 전통자수
　· 목 공 예 : 소목, 각자, 전통창호
　· 금속공예 : 장석, 입사
　· 칠 공 예 : 옻칠, 나전칠기
　· 전통화법 : 단청
　· 전통건축 : 대목
● 강 사 진 : 무형문화재 기능 보유자 및 전수교육조교 등
● 문　　의 : 문화교육팀(02-3011-1702)

사진과 도면으로 보는 한옥짓기

발행처	한국문화재재단
	서울시 강남구 삼성동 112-2
	(전화 : 02-3011-2601 / 팩스 : 02-566-6314)
	홈페이지 : www.chf.or.kr
발행인	서도식
발행일	2004년 7월 30일
	2005년 8월 25일 2쇄
	2006년 6월 10일 3쇄
	2007년 3월 30일 4쇄
	2008년 3월 28일 5쇄
	2010년 2월 26일 6쇄
	2011년 7월 22일 7쇄
	2017년 4월 00일 8쇄
지은이	문기현 / 사진 최성림
등록번호	제2-183호(1980.10.31)
인쇄처	(주)계문사(02-725-5216)

값 15,000원
ISBN 89-85764-42-X 04630

본문에 게재된 내용 및 사진의 무단복제나 전제를 금합니다.
잘못된 책은 구입하신 서점에서 바꿔드립니다.